沃土生金
——农业科普面面观

王延波　刘继岩　赵海岩 / 主编

中国农业出版社

北　京

图书在版编目（CIP）数据

沃土生金：农业科普面面观 / 王延波，刘继岩，赵海岩主编 . —北京：中国农业出版社，2023.6
ISBN 978 - 7 - 109 - 30760 - 5

Ⅰ.①沃…　Ⅱ.①王…②刘…③赵…　Ⅲ.①农业技术—普及读物　Ⅳ.①S - 49

中国国家版本馆 CIP 数据核字（2023）第 096401 号

中国农业出版社出版

地址：北京市朝阳区麦子店街 18 号楼
邮编：100125
责任编辑：廖　宁
版式设计：书雅文化　　责任校对：张雯婷
印刷：北京通州皇家印刷厂
版次：2023 年 6 月第 1 版
印次：2023 年 6 月北京第 1 次印刷
发行：新华书店北京发行所
开本：700mm×1000mm　1/16
印张：13.5
字数：242 千字
定价：148.00 元

▶ ▶ ▶

主　编　王延波　刘继岩　赵海岩

副主编　张　洋　王大为　左　震　华　欣

参　编　叶雨盛　孙　甲　肖万欣　隋阳辉

　　　　于明娟　常　程　孙成韬　于惠琳

　　　　刘祥久

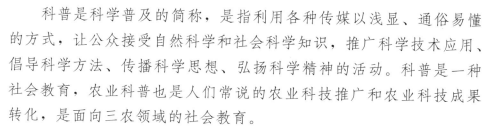

科普是科学普及的简称，是指利用各种传媒以浅显、通俗易懂的方式，让公众接受自然科学和社会科学知识，推广科学技术应用、倡导科学方法、传播科学思想、弘扬科学精神的活动。科普是一种社会教育，农业科普也是人们常说的农业科技推广和农业科技成果转化，是面向三农领域的社会教育。

我国"十四五"规划提出，加快推进数字乡村建设，构建面向农业农村的综合信息服务体系，建立涉农信息普惠服务机制。坚持农业农村优先发展，全面推进乡村振兴。

全新蓝图已然擘画，我国正以习近平新时代中国特色社会主义思想为指引，走中国特色社会主义乡村振兴道路，强化以工补农、以城带乡，推动形成工农互补、城乡互补、协调发展、共同繁荣的新型城乡关系，加快农业农村现代化，成为广大三农领域人士的共同宗旨和努力方向，并致力于以实际行动投身乡村振兴建设，努力健全农业专业化、社会化服务体系，实现小农户和现代农业有机衔接，增强农业农村发展活力。

农业生产从刀耕火种时代开始，就支撑着人类社会的发展。近几十年，由于数字化技术的兴起，技术革命催生产业变革，农业农村随之发生着根本的变化。网络化、信息化和数字化在农业农村经济社会发展中的应用越来越广泛，在这个鲜明的时代背景下，全球进入数字经济时代，传统产业的数字化转型成为主导。

由数字化发展而带来的农业科普信息服务，极大地改变着农村原有的差序格局。随着移动终端购买和使用费用的降低，农民借助微信、百度、快手、今日头条等软件工具，从封闭快速转向开放，不断拓宽自己的社交范围，生产生活方式从单一走向多元，形成了如今新型的农村社会关系。

在这种情况下，城乡消费习惯进一步趋同，农村城市化进程更进一步加快，广大农民对农业科普服务的需求也不断增加。不仅如此，农民对乡村数字化治理、农村网络文化、农业信息技术、农业保险金融、农村网络基础设施等方面的服务需求都在增加。只有找到适应网络时代要求的农业科普方式，才能更好地服务三农。

乡村振兴到最后还是人才的振兴，是农民生活水平和综合素养的全面提升，这其中农业科普是关键。随着信息化、数字化在乡村的普及，广大农民对自身、对社会都有了更多的思考。数字化时代，使得多年来形成的农民群体综合素质不高的现状正在被快速修正和改善，如今的农民前所未有地希望自己得到全方位的提升和改变。

在网络化、数字化时代，农民获取信息的渠道纷繁庞杂，除传统的报纸、广播、电视等信息渠道以外，各种新媒体、自媒体、短视频、直播平台也成为农民获取信息的主要平台，农民对信息的需求也更多样化、全面化。惠农政策、市场行情等信息不对称现象逐渐消失，信息传递速度加快，信息传播的双向流动、互动空前加强。借助数字化全媒体方式加强农业科普服务，以数字化全媒体方式服务三农，是一项长久艰巨的任务。

本书以辽宁省为特定区域对象，时间跨越1998年至今，以科研院所和农业媒体之间并列且交织的科普路径和方式进行总结和论述，探讨农业科普的作用与效果。由于时间仓促和水平所限，尽管在撰写过程中倾注了满腔热情，但书中不妥之处在所难免，敬请广大读者批评指正。

编 者

2023年1月

C目 录
ontents

第一篇 ◀◀◀

成长 传递
各美其美 百花齐放

(1998—2004年)

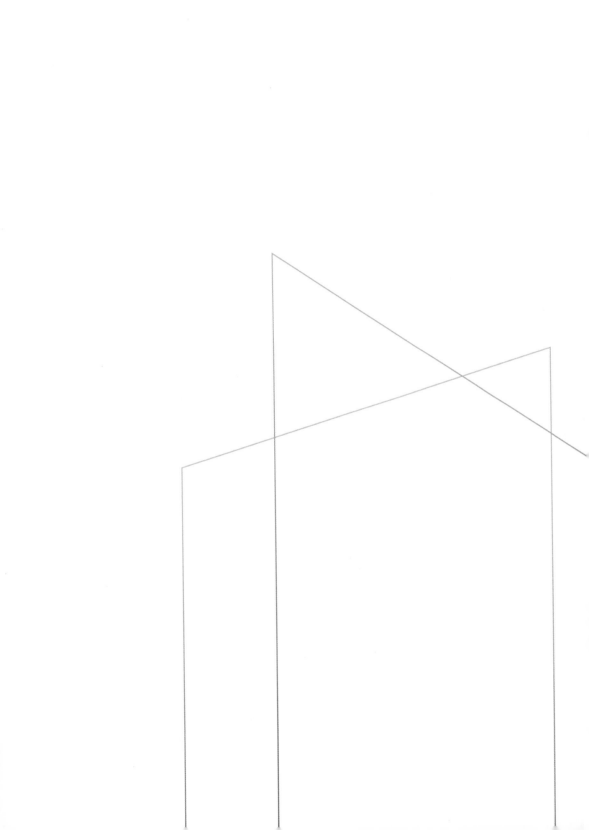

第一章　传播　路径

一档朴实的农业电视栏目《黑土地》，能为农村的父老乡亲们做点啥？作为大众传播媒介，三农领域的科研成果又该怎样通过大众传媒传递给广大群众？《黑土地》栏目在农业项目科普推广中扮演啥角色？又发挥了哪些作用？

 寒富苹果如何席卷辽沈大地
　　　　——以科研人员发起的农业科普方式

人生如行路，一路艰辛、一路风景。

笔者报道过很多农业项目的科普推广，印象最深的是寒富苹果从繁育到被农民接受的丰富多彩而又艰辛的科普历程。

早在 1994 年，沈阳农业大学园艺学院教授李怀玉就发明了适合寒冷地区栽植的抗寒富士苹果，也就是现在被广大农民熟知的寒富苹果。过去，只有辽宁省熊岳镇以南的地区才能栽植富士苹果，李老师的最大贡献是将大型苹果的种植纬度向北平移 200 千米，让沈阳乃至吉林的部分地区也能结出优质的大型苹果。

由于某些原因，寒富苹果栽培推广在 1998 年以后才开始进行。到 2003 年，栽植寒富苹果的部分果农率先尝到甜头，像沈阳市东陵区深井子镇的刘涛、营口大石桥的王崇山、丹东东港的石永财和高志等都获得了丰收，见到了效益。

到这个阶段，寒富苹果项目科普推广完成了项目选择与确定、小面积试验、成果与方法示范等几个步骤，但还远远谈不上普及与推广。

席卷辽沈大地的寒富苹果

寒富苹果项目科普推广伊始，遇到的最大瓶颈是当时没有更多地借助电视这个大众传播媒介。20 世纪 90 年代，大众传播媒介有广播、电视、报纸、杂志、书籍、网络等，针对当时农村的现实状况，电视一直是农民群众最主要的信息媒介，这一点不容忽略。

在李怀玉老师繁育出寒富苹果的这一年——1994 年，一个前所未有的网络时代也到来了。1994 年 5 月 5 日，中国科学院高能物理研究所设立了国内第一个 Web 服务器，推出中国第一套网页。随后，搜狐等网站相继问世。1999 年 2 月，QQ 的第一个版本问世；2000 年 7 月，网易和搜狐分别赴美上市。那段时间，手机的功能还仅限于打电话和发短信。不过，在差序格局的农村，互联网的涟漪还远远没有传导过来。

农业项目推广只靠农业科普人员单兵作战难上加难

寒富苹果的发明人李怀玉老师在推广寒富苹果项目中遇到各种各样的麻烦和困难，灰心过、彷徨过，又十分不甘心，所以见到《黑土地》栏目记者仿佛是抓住了救命稻草。甚至记者在刚接触李老师时，把李老师也划到那些急着卖产品创效益的一类人中，抱着一丝质疑的想法看待李老师和她的项目。其实，李老师推的是项目，她急切地要把自己呕心沥血的科研成果推向社会，实现一个科研人员的人生价值与社会价值。

现在看来，科研人员既承担科研课题，又承担推广重担，这是不太恰当的。但是科研与推广又是相辅相成、密不可分的，推广过程中离不开科研人员的指导和阐述。如何有效地衔接科研与推广还有很多的细节需要探讨，而在科研与推广的过程中，媒介的作用毋庸置疑。

农业电视栏目成为农业项目推广的最佳媒介之一

笔者在2003年9月结识李怀玉老师，对寒富苹果有了初步了解。作为辽宁电视台《黑土地》栏目记者，笔者找到了"苹果栽植纬度向北平移200公里"这个报道点，随即到刘涛家果园拍摄、采访、制作了《寒富苹果香飘金秋》《寒富苹果的高接栽培》《寒富苹果丰收在即》等专题节目，在《黑土地》栏目中播出后，引起强烈反响。记者随后又到大石桥和丹东拍摄了两期有关寒富苹果产量与采收的节目，连续热播的结果，用沈阳农业大学园艺学院刘国成老师的话说，"引发了辽沈大地的一股寒富热"。

至此，寒富苹果的生产培训与咨询服务、普及推广、成果评价在辽宁不同地区迅速开展起来。一个农业科普推广项目完成了它的基本程序。

回顾整个推广历程，一个农业科普项目能否达到最佳的推广效果，很大程度上取决于推广者选择了什么样的大众传播媒介。

笔者所在的《黑土地》栏目多年来一直把握"服务三农"的宗旨，坚持客观、务实的报道风格，所以深受农民朋友欢迎和喜爱。声望来自公信力，公信力高，声望也高，栏目的公益性也使栏目的品牌认知度和权威性不断提升。

《黑土地》栏目连续多年在辽宁省网同时段收视排名第一，有着省内外很广泛的收视群体。而且，作为行业栏目，它的目标客户和市场份额是很高的。所以，很长一个时期，借助农业电视栏目推广农业项目具有绝对的优势。

大众传媒推广农业项目的方式应因时而变

笔者在跟踪拍摄寒富苹果过程中，感觉农业推广的侧重点是经常变化的。推广之初，为了让广大果农认识寒富苹果，主要侧重宣传苹果的特点、栽植区域、市场价值。后来了解的人多了，大家更关注具体的技术，稀果、套袋、压枝、环剥等。再后来，有了政策的支持和投入的保证，农民对苗木的需求旺盛，推广的侧重点变成苗木的生产管理、苗木的价格、苗木的芽接法等，也涉及苗木补贴、果园规模补贴等内容。

推广期间，推广者和接受者会不断进行信息交流，并调整推广计划，对各个环节中每一个人来说都是一个学习的过程，而这种参与式的农业推广最终会演变成对农村人力资源的开发，提高农民的综合素养、认知能力。

推广农业项目真正本意是服务大众、服务社会

人们对幸福的认知各不相同，同样，人们对受益的理解也各种各样。在寒富苹果发明人李怀玉老师看来，她是最大的受益者，她的辛苦没有白费，梦想变成现实，她也获得了科研人员的最高荣誉——国家发明奖。她的科研成果被人们广泛认知，从事果树研究的人几乎都知道沈阳农业大学的李怀玉教授。

李怀玉老师

笔者参与到农业项目推广中，见证了一个好项目的魅力，自己也感到很受益。切身感受到自己手中这个大众传播媒介的神奇之处，当然，在寻找新闻点、确定主题、导演、撰稿、编辑、制作的过程中也实现了自己的社会价值。

广大果农也会说自己是受益者，栽植了寒富苹果确实增加了收入！果农刘涛从一穷二白变成千万富翁，整个人的思想观念、谈吐举止都发生了翻天覆地的变

化。还有很多像刘涛一样的果农通过栽植苹果、种植苗木、改造老果园发家致富，他们在获得丰收的时候会想着李怀玉老师的好，想着《黑土地》栏目的好。

通过对农业项目的采访与报道，对农业项目推广的关注与扶持，《黑土地》栏目锤炼出一批能吃苦、肯钻研的农业记者；与此相呼应，辽宁的广袤大地上也涌现出一批高素质、爱思考的新型农民，《黑土地》栏目是他们的朋友，也是他们的亲人、伙伴。果农刘涛说"是李怀玉老师启发我学习果树栽培技术，指引我走上致富路，我富了，也要带动更多的人种寒富苹果，让大伙儿都富起来！"在他的带动下，周边农民已种植寒富苹果上万亩*，家家都成了小康家庭。果农刘涛踏实肯干、无私奉献，先后被评为沈阳市乃至辽宁省的劳动模范。

其实，一直以来促进农民观念更新，推动农民素质提升，是农业科技人员和大众传媒不可推卸的责任，让先进的科研成果转化成现实生产力也是大众传媒在三农领域不变的宗旨。农业科普，是农业媒体人义不容辞的责任。

寒富苹果香飘金秋

---

* 亩为非法定计量单位，1 亩≈667 米^2。

由稀植到密植，从"大垄双行"到"密疏密"
—— 以科研单位为主体的农业科普方式

玉米在全球三大谷物中，总产量和平均单产均居世界首位，玉米的应用范围也最为广泛。我国是玉米种植大国，种植面积和产量位居世界第二位，辽宁省乃至东北地区是我国玉米生产的优势主产区。

目前，我国玉米生产存在的主要问题，一是玉米生产机械化水平有待提高，尤其是籽粒直收机械化水平低；秸秆综合利用率低，每年秋冬之际，总有大量的玉米秸秆在田间焚烧，产生了大量的烟雾，成为污染环境的因素；二是肥料、农药过度使用，化肥、农药使用量是世界平均水平的 3.6 倍和 2.5 倍，氮肥当季利用效率不到 40%，使我国玉米生产效率低、成本高、国际竞争力弱。提高农业综合效益和竞争力，是当前和今后我国农业政策改革和完善的主要方向。

一次次农业技术革命催生产业变革，农业农村随之发生根本的变化，农业科研院所承担着农业科技成果转化推广的核心任务。辽宁省农业科学院玉米研究所是从事玉米育种方法、种质改良、品种选育及高产关键技术研究与应用推广的省属科研机构，也是国家玉米区域技术创新中心、辽宁省国家玉米原原种扩繁基地、国家玉米产业技术体系沈阳综合试验站、辽宁省玉米遗传改良与高效栽培重点实验室及中国农业科学院作物科学研究所与辽宁省农业科学院合作成立的作物科学沈阳试验站。辽宁省农业科学院玉米研究所还承担着一系列重大科技攻关项目、农业综合开发项目及产业化项目等。

辽宁省农业科学院玉米研究所在创新科技成果的同时，注重科技成果转化工作，在科技推广方法上不断拓展新思路。围绕辽单系列玉米品种耐密、抗倒等特点，研制出"玉米早熟矮秆耐密增产技术""三比空密疏密增产技术""玉米平作宽窄行全程机械化栽培技术模式"，形成了辽宁省玉米栽培技术地方标准，被农业农村部作为主推技术大面积推广。

让我们从几篇农业电视节目的文稿切入，看看以科研单位为主体的农业科普方式有哪些优势和特点。

文稿一

密疏密的玉米丰收啦！

记者：刘继岩　　摄像：李宏兴、牟鹏　时间：5分　主持人：郭皓
受访人：辽宁省农业科学院玉米研究所所长王延波、辽宁省农业科学院玉米研究所研究员赵海岩

密疏密的玉米栽培方式，咱《黑土地》栏目跟踪了大半年。效果究竟怎样呢？马上就见分晓。

郭　皓（现场）：时间过得真快，一转眼就来到了深秋，又到了收获的季节，我们又来到了铁岭蔡牛镇玉米密疏密栽培的试验田里。看一看效果究竟如何，测产马上开始。在测产之前，咱先目测一下吧。看看，这密疏密栽培的玉米长得很匀净，大小齐整。

王延波：中间的和外面的是一样大的，它俩长得是一样大的，但是我们传统的、没有空垄的，就会出现一些小棒。

同期声：你看这个棒和我们边上的棒对比，出现了一个这么大的反差。一块地上，采用不同的种植方法，就出现这么大的差别，这是技术专家运用了边行优势的原理。

赵海岩：当时我们研究的时候，就是想让田间的每一个植株都有边行效应，我们还说了这句话叫"株株是边行，棵棵有优势"。辽宁省农业科学院玉米研究所的这项技术，核心就在把4条垄的种子种在3条垄上，空出1条垄来，达到通风透光的效果。

郭　皓：效果达到了，究竟产量如何呢？咱们接着往下瞧。

赵海岩：现在因为没有完全测出来，产量不好说，增产5%以上是没问题的，就是普遍的大田增产。

郭　皓：我相信赵老师是保守地说5%，究竟是多少，咱们一会儿测产看。

因为已经设置了多点的对比试验田，所以这测产是实打实的两种种植

方式产量的比拼。经历了从春到秋的等待，试验田的主人赵玉国最盼望得到准确的增产数据，他还采用了先进的收获方式，将打下的玉米直接脱粒，这样产量就能快速计算出来。大家都静静期待着测产的结果……

郭　皓：都说编筐编篓全在收口，这个口怎么收，今天咱们马上见分晓。来到了测重量的地磅站，看看最后的重量如何？是普通种植的 2 亩地，它的总重量究竟是多少呢？我们把车请上地磅。

2 亩地普通种植的玉米，连车重是 8 880 千克。

郭　皓：紧接着我们就看看，密疏密种植方法的产量是多少？以 2 亩地为单位，咱们看看它的数字变化。

王延波：每亩地，基本上密疏密种植比对照组增产在 110～120 千克，这个产量折合成清种的产量，每亩增产 15% 左右，这个产量结果，就已经相当可观了。

花絮资料：测产现场开大挂车的那个司机看到这个结果之后，当即表示明年也要采用密疏密的玉米种植方式。

密疏密种植的玉米地块

密疏密种植的玉米丰收

玉米密植成主流

记者：刘继岩　　摄像：景阳　　时间：3分

受访人：沈阳市农业科学院玉米研究所所长滕涛、法库县丁家房乡农民

提要：农民的种植习惯悄然变化，玉米密植渐渐成为主流，为啥呢？

　　种大田听起来简单，一年一年这么种着，但是改变也不少，一个最大的变化就是玉米种得比以前密了。

　　农　民：我看他们这个株距都是一尺*。不像过去，过去都达到一尺二、一尺三。

　　滕　涛：两株之间的株距，在28厘米左右。目前为止，我们是58厘米的垄，咱东北这种58～60厘米的情况下，株距是28厘米左右，一亩地就有4 000株。现在农民在生产上逐渐用这个单粒播种，它密度偏大，不用间苗。

　　一亩地种4 000株，一般人还真不敢比量，但是试验田的试验数据摆

---

* 尺为非法定计量单位，1尺≈33.3厘米。

在这了，效果还真不错。十几年前，玉米种得还很稀，现在，密植方式渐渐得到认可啦。

滕　涛：那时候的品种是主要围绕单秆大穗型，就靠单株增产。发展到现在，像郑单958、先玉335这种密植品种是靠密度增产，是属于合理密植。

不过，辽宁省的地域环境比较复杂，有些地区还是适合稀植的种植方式。

滕　涛：辽南还有辽西一部分地区农民还愿意种这种稀植大穗的品种，因为那种稀植大穗的棒子确实非常漂亮，很大、很好看，那边的生育期是比较长的。无霜期正常年份可以达到150多天，所以农民不在乎种不种晚熟的品种，因为稀植大穗品种一般都是晚熟的，或者是极晚熟的，生育期都得达到140天以上，积温够，就能高产。

技术人员提醒大伙儿，积温不是特别高的地区，就适合采取密植的方式了，密植方式也是低风险的种植方式。

滕　涛：它是什么概念呢？稀植的时候，它穗子大；密植的时候，玉米穗子小，但是它绝对不能空秆，每一根秆上都有穗，是这个概念。所以可能要种到5 000株的时候还要打1 500斤*的产量，穗子就要小一些。如果种到3 500株的时候，可能这个穗子要大一些，可能还是1 500斤的产量，密植品种是这个穗上有这种弹性的。单秆大穗品种一旦种密了，它就会造成空秆，少一穗那就没有一穗的产量。所以说密植品种我们又叫低风险品种。

现在，国家也倡导农民发展低风险品种，合理密植。不过，密到什么程度还是有弹性的，一味地密植，也容易影响玉米抗病性和抗倒性。

滕　涛：不宜种得太密，因为太密的时候产量反而不如正常密度时候好。所以有个适宜种植密度，总的来说就是3 500～3 800株/亩、4 000株/亩也可以，如果地力可以、病害比较轻的年份，也可行。但是为了稳产吧，稳稳当当的话还是种到3 500～3 800株/亩比较合适。

---

* 斤为非法定计量单位，1斤＝500克。

文稿三

玉米突发的是啥病？

记者：刘继岩　　摄像：李宏兴　　时间：2分30秒

受访人：辽宁省农业科学院玉米研究所研究员赵海岩、彰武县兴隆堡镇农民陈保伟

提要：彰武县兴隆堡镇的陈保伟在地头里忙啥呢？他家的玉米咋了？

要说现在玉米的田间管理也没有太多事儿，好多农户处在比较悠闲的状态。但是，彰武县兴隆堡镇的陈保伟这两天可坐不住了，他家的玉米叶片上出现了深褐色的条纹，有的甚至变黄枯死，往年这时候他家的玉米可没这样的病啊。

陈保伟：我这苞米，跟别人比不是那么太好，黄边了或者长的焦黄了，比人矮了半截。我这挺上火，也不知道有啥办法。

眼看着别人家的苞米越长越高，可自己家的苞米却打了蔫儿，陈大哥这个着急啊，心里头也拿捏不准，这些苞米得的是不是大斑病呢？还好，省里的专家在彰武县走访，正好给陈保伟家的玉米诊断诊断。

赵海岩：大斑病，这个比较好认。它的形状是梭形的，它干枯的面积比较大。现在可以看到，整个一长条的，全部是黄枯。

这回陈保伟心里踏实了，知道是啥病就能对症下药了。专家提醒陈保伟，这种大斑病通常是在温度比较高、湿度比较大的条件下发生的，而且能借助风力传播。现在正值雨水季节，更易于传染。那么陈大哥现在应该怎么做呢？

赵海岩：主要还是喷药。多菌灵或者是代森锰锌，还有甲基托布津杀菌剂，防虫防病同时做就可以。一般情况下，我们建议喷2～3次，1周左右喷1次。

专家说，玉米大斑病在连续阴雨天传播得特别快，严重时能使作物减产50％左右，乡亲们还真得留心了。尤其是玉米地块密度大的时候，这个病容易发生。

赵海岩：密度大的这些品种，必须进行一次有效的防治。像苗比较小一些的、容易操作的，那么即使没有发病的地块也得进行预防。

除了药剂防治，加强日常管理也是十分必要的。比如，增施磷钾肥、做好中耕除草培土等，这些似乎离治病比较远的事情都得做好。

赵海岩：所以说在病虫害防治这方面，我们更多是提倡预防。大伙儿应该养成这种生产习惯，采取措施提前预防，这是我们的一个宗旨。

以上文稿都是笔者在与科研院所专家沟通交流之后，由科研院所发起的科普推广题材，有专业的内容和数据的支撑，有主持人现场的报道和呈现，这种农业科普推广方式在当时的阶段最有效，也最受农民欢迎。很多专家也在一次次节目录制和播出过程中，成为农民最熟悉的明星人物，成为农民心里最贴心的朋友。

审时度势种药材
——以产地为特色的农业科普方式

一方水土养一方人，不同的环境生长不同的作物。以产地为特色的农业科普方式更为简洁和直观，优势劣势一目了然，区域科普的效果也很显著。比如野生转家种的很多药材品种、山野菜品种，都是有区域限制的，科普的视角也是对地道产品的一种推介视角。

咱的人参有户口

记者：刘继岩　　摄像：景阳　　时间：3分
受访人：本溪满族自治县东营房乡南营房村农民谢廷库
提要：人参也可以有户口？本溪满族自治县东营房乡南营房村谢廷库家的人参各个有户口啊。

时值金秋，本溪满族自治县东营房乡南营房村谢廷库家的人参陆续采收，进入销售季节了。怎么形容老谢卖人参这事儿呢？就是正式、正规加郑重。

谢廷库：这个人参啊，是咱们辽宁省参茸检验中心检测的。它检过的一棵人参就有一张照片，这上都有号，这号全国没有重号的，到网上就可以调出来。你看它这个多少号，就调出这只人参，想作假也作不了。

说白了，人家老谢卖的人参都是有户口的，每一棵人参的质量、品质都有明确的标注。人参各个都有单独的检验报告，足见这人参的贵重啊。

谢廷库：你像这个，1克是多少钱？三四百块钱吧，像这样的都十多克吧，那是十多克，十多克的都是三四千、四五千块钱，五六千块钱那样。

用老谢的话说，一棵人参几千块钱也是货真价实。除了人参种子是人工栽植的，人参的整个生长过程都是仿野生的，像他家这人参是12年才采收的，营养成分和等级上都属于野山参。

谢廷库：咱们本溪县，凡是人工林，80%都是公益林。公益林严禁采伐。咱们闯出这条路啊，在林下产业，下大功夫、下大气力啊，不砍树照样也能致富。

老谢可能说不出像"保护森林资源，维护生态安全"这样的大道理，但是他的观念里，已经把原来守着大山砍伐树木的"木头经济"变成了越干越有奔头的"林下经济"。

谢廷库：我把它采伐了，能卖个几十万块钱。可是我这一亩地林下参，甚至比我这整个林子都值钱，不砍树照样也能致富。

老谢用自己的亲身经历告诉大伙儿，很多人的思想观念都变了，从"要我造林"变成了"我要造林"；在护林上从"漠不关心"到"主动管护"。保护生态环境成了老谢他们自觉的行动。

谢廷库：凡是咱种林下参的地块呢，都把林子保护起来了。你看这林子啊，非常好，水土流失也没了。水土保持也好了，生态也好了。

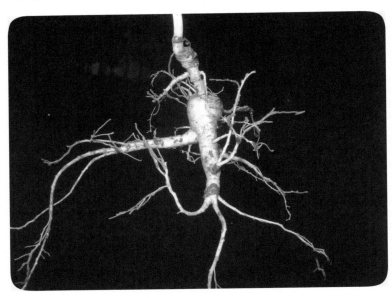

东北人参

地道药材话苦参

记者：刘继岩　　摄像：李宏兴　　时间：3分

受访人：沈阳农业大学教授颜廷林、绥中县西甸子常发药材专业合作社理事长褚险峰

提要：辽宁地道药材不少，苦参是其中一种，那么苦参适合在什么区域和气候条件下种植呢？

一提到中药的苦味，人们往往会说黄连最苦，其实比黄连还要苦的是苦参。苦参，又叫苦骨、牛参，号称"百苦之王"。

颜廷林：它的功能很多，包括清热燥湿、杀虫除痒、抗菌消炎、利尿，还能抗癌，对小儿肺炎、扁桃体炎、痔疮，很多湿疹及很多的皮肤病、烫伤都有很好的疗效。它的药用部分主要是干燥的根。

"良药苦口利于病"。苦参虽说味甚苦，但却是一味既可内服又可外用的良药。

褚险峰：一等片正常的都是入药，入咱人用的医药；二等片就是可以做兽药；三等片不用了，用来提炼苦参碱。

那么，苦参最适合在什么样的区域和气候条件下种植呢？

颜廷林：苦参的适应区域比较广，全国广有分布。一般的地方都能种它，但是种植在盐碱地、涝洼地是不适合的，其他一般的都可以。它喜欢大肥大水，也比较好管理。

褚险峰：咱这个药材就适合种山地、沙土地、黄沙板地。你种花生，天气一旱就白扔了，种地瓜天气一旱就不行。降雨量越大，它越有产量，咱这抗旱能力也相当强，其他都旱没了，咱这还照长。

随着苦参使用范围的不断扩大，人工种植的面积也在逐渐增加。像朝阳的建平县、葫芦岛的连山区，还有绥中县现在都有种植。

颜廷林：质量非常好啊。绥中的气候条件非常好，光照时间很长，积温高。一个是它生长速度比较快，再一个产量比较高，有效成分含量比较高，质量很优良。

褚险峰：咱自己家种的这个苦参的种子，它比野参的种子大，发芽率还高，饱满度也好。野生那个不如咱这个，不经过人工繁育的单一品种还是不高产，还是经过人工繁育的比较好。

不过，有的人认为野生的才是原汁原味、原生态的。其实从功效和作用上来讲，野生和家种的区别已经不是很大了。未来，野生变家种的趋势也会越来越明显。

颜廷林：因为随着环境的改变，有的物种都已经在濒临灭绝的边缘了，就是野生产量很少了，所以它不得不家种。再一个经济效益要提高，所以这也必须得发展人工家种，野生远远满足不了需求了，所以必须得家种，这是必然的趋势。

从另一个角度讲，野生变家种对我们农民来说又多了一条致富的路。

颜廷林：是啊，如果发展好了，市场调研好，品种选对了，适地适种，是农民增收很好的一个途径。

野生苦参转家种

种药材该不该打药

记者：刘继岩　　摄像：李宏兴　　时间：3分

受访人：沈阳农业大学教授颜廷林、绥中县果蚕局副局长周尼亚、绥中县西甸子常发药材专业合作社理事长褚险峰

提要：转家种的中草药，防病打药这一块儿大家做法不一，那么种药材该不该打药呢？

当中草药逐渐从野生转为家种之后，在管理上遇到的一些问题也常常让乡亲们很纠结。该不该给药材打药，就成为其中争论的问题之一。

褚险峰：现在唯一的就是田间管理，一般的都是除草剂不敢用，全是靠人工除草。

颜廷林：种药材尽量不使用农药，但是真有病虫害发生了，尤其比较严重的时候，还是得打药的。但是打药、使用啥农药有说道，就是用高效、低毒、低残留的、国家允许使用的农药。不能有残毒，所以选农药要选好种类，使用生物源的农药和矿物源的农药。

看来，给药材打药应该遵循两个原则：一是尽量不使用农药，二是必要时使用安全无残留的农药。像苦参比较常见的病害——白粉病，咱们可以打些什么药呢？

颜廷林：白粉病比较常用的就是粉锈宁，又叫三唑酮，这个到处都能买到，用很多年了，也是比较安全的，是国家允许使用的。在喷药的时候要注意喷均匀，不能有的地方打了，有的地方没打到，那个不行。而且要适期打，你发现有了，就应该及时打，头一遍打之后，再过七八天再喷一次，基本就能防治住。

那么给药材打药是因为怕跟它本身的药性发生冲突吗？

颜廷林：不是，主要是打农药怕有残留、残毒，怕这个。打农药一个是避免有些东西超标，重金属元素超标，这东西不行，残留太多了，本来是药品，变成有毒药品了。

周尼亚：因为这几年国家对食品安全要求比较严，现在蔬菜也好，水果也好，粮食也好，都有要求。原先的农药残留比较多。

农药残留虽然不是毒药，但却对人体有害。因此，在农药的选择上一定要慎重，特别是在果实形成的后期千万不能打药。

褚险峰：像这个苦参都得一个月左右别打药，采收前一个月别打药，它就没有药物残留。

颜廷林：一般地说，采收前的20天或一个月就不要使用农药了。反正尽量少使用农药，用物理的或其他别的方法来防治病虫害。像用黑光灯诱杀、糖醋液诱杀，这些物理的方法都可以。

中药材农残问题，在一定程度上是成本因素造成的。所以，降低种植成本，才有可能最终实现零农残。

褚险峰：咱合作社准备化肥统一管理、农药统一管理、种子这个种衣剂统一管理。再说像除草、机械种植，我这全是机械化种植，全部统一管理，成本还能低些。

以产地为特色的区域推广方式和农业科普方式更具贴近性，这种科普方式往往是伴随着算经济账、说区域特色的更加宽泛的农业科普内容。通过农业院校老师的专业讲述和产地农民的现身说法，地域的特色、产品的特点一目了然，科普传播效果更直观。

四 阳光养殖模式
——以专业学会组织发起的农业科普方式

广大养殖户比较熟悉和认可的阳光养殖模式采用了以专业学会组织发起的农业科普推广路径，从阳光猪肉无药、营养、健康、好吃的四大特点说起，倒推到阳光养殖模式。农业科普的路径较多，方式方法也灵活多变，阳光养殖模式的推广，选择了代言人胖丫和小博士对话的方式，传播有用信息、传递知识和正能量。

阳光养殖模式

《阳光养殖100问》部分文稿如下。

文稿一

阳光猪舍和普通猪舍有啥区别？

编导：李子玲　　摄像：徐岩　　时间：1分

胖　丫：小博士，我家邻居非得跟我犟，说阳光猪舍与好的普通猪舍没啥区别，把我给问住了。你快点仔细给咱说说它们的区别吧。

小博士：哎呀，阳光猪舍和普通猪舍，那区别可老大了。

胖　丫：那我就知道阳光猪舍有地窗、有电地热，别的就说不明白了。

小博士：除了有地窗、有电地热这些有特色的设施，你看看，阳光猪舍里充满了阳光啊。阳光消毒，空气清新，地窗、天窗通风效果好，冬暖夏凉；有电地热、有淋浴、猪体健康。

胖　丫：那我邻居说他也能尽量做好通风啊。

小博士：但是大部分普通猪舍都比较阴暗潮湿，再加上没有地窗，没有天窗，冬天冷、夏天热，地面又潮又凉，猪还容易得病。

胖　丫：明白了，普通猪舍比不上阳光猪舍，最主要的就是通风好、空气新鲜吧。

小博士：对呀，冬天阳光猪舍里有电地热，猪舍温度高；夏天猪舍里有地窗、天窗，猪舍通风好。普通猪舍总得喷消毒剂，阳光猪舍就用阳光消毒，新鲜的空气消毒，整个养猪生产就是一个良性循环了。

胖　丫：哎呀，这回明白了，还是阳光猪舍更安全，更能养好猪啊。

配电地热的阳光猪舍

文稿二

阳光养猪为啥可以不用药物预防?

编导：李子玲　　　摄像：徐岩　　　时间：1分

胖　丫：小博士，你说我这突然用阳光养殖模式来养猪，说是不用给猪加预防的药物，我怎么老觉得不踏实呢，真怕猪得病啊。

小博士：胖丫，这个你就不用担心啦。要说这病菌和病毒几乎是无处不在的，猪舍里、猪身上都有。但是当猪体免疫力强的时候，猪靠自己的免疫力，能把进入体内的病菌和病毒吞噬掉，给抑制住。

胖　丫：这个理儿我也明白，那要是猪自身免疫力低了，细菌和病毒是不是就快速繁殖了，猪就容易发病了嘛。怕就怕这个呀。

小博士：但是阳光养殖模式有阳光猪舍，冬暖夏凉，地面干爽，空气新鲜，吃阳光食料，得到阳光福利保姆式管理，猪体免疫细胞得到充足的营养，免疫力得到大幅度提升。再说了，如果你非得用药物预防，抗生素还破坏肝、肾细胞，破坏免疫细胞。其实细胞只需要营养，有营养猪体就健康。

胖　丫：嗯，这回我明白了，阳光养猪不建议用药物预防，建议用好营养、好环境、好管理来防病。这样猪才最健康，养猪效益才会最高，猪肉才最安全呢。

文稿三

阳光养猪独到之处——不用药物消毒

编导：李子玲　　　摄像：徐岩　　　时间：1分

提要：阳光养殖模式不用药物消毒，看看它的独到之处吧。

胖　丫：小博士、小博士，我又有不明白的问题啦。我家里还有好几瓶消毒剂呢，还能用上吗？

小博士：胖丫，你用阳光养殖模式养猪，猪舍里就不用消毒剂啦。阳光猪舍是用阳光消毒，地面干爽，空气新鲜，卫生管理到位，有这些措施病菌不爱繁殖，但猪爱长。所以采用阳光养殖模式自然就解决消毒的问题啦。

胖　丫：可我原来用普通的猪舍养猪，这边消着毒，那边还跟着得病呢，防不胜防啊。

小博士：原来你那是普通猪舍，阳光进不来，冬天还舍不得烧煤，为了保温，通风口基本上都关了，猪舍里那都啥味呀。你还想靠多养猪升温，这样猪多了，氧气缺少了，猪粪尿多了，氨气多了，就得勤消毒；然后湿度还大了，猪的抗病力又下去了。

胖　丫：哎呀妈呀，你说得咋恁对呢。以前就这么一来二去的，不定啥时候就发病了，一群一群的，愁死人了。

小博士：所以咱们建议你用阳光养殖模式呀。阳光养殖模式采用阳光取暖，温度容易上来，可以大力度通风，污浊气体排出去了，新鲜空气进来了。地凉时启动电地热，地热乎、干爽，有阳光自然消毒，就不用药物消毒了。

阳光猪舍通风效果好

文稿四

阳光福利养猪管理是啥样的？

编导：李子玲　　摄像：徐岩　　时间：1分

胖　丫：哎，小博士。我听老的阳光养猪户说阳光养猪的福利待遇相当好，都包含啥呀？

小博士：阳光福利养猪管理可是阳光养猪体系的重要环节，说白了就是让猪吃好、住好、过得舒服。每天观察猪群状态，根据猪群的表现调节通风，调节地热开关，调节湿度大小。调整猪的采食、饮水参数，保证它们吃好喝好。

胖　丫：那保证猪舍卫生，及时清理粪尿，调整好猪群密度，让猪保持适当运动，也是福利管理的一部分吧。

小博士：那是必须的呀！另外，还有一个锦上添花的做法，是给猪听音乐。环境与优质的阳光饲料营养是基础，然后再听音乐效果会更好。这是减少惊吓、降低猪的应激反应的好办法。听音乐也能让细胞的免疫力增强。

胖　丫：嗯，这回我理解了，阳光福利养猪管理就是要求我们像保姆伺候孩子一样对待猪，把猪当人看呗。

小博士：对了，要不为啥要强调共生、共荣、共享的理念呢。这就是阳光养猪核心的地方，内心充满爱心，充满阳光理念的人才能把猪养好。

阳光猪舍密度适宜

文稿五

阳光养殖基地都在哪儿?

编导:李子玲　　摄像:徐岩　　时间:1分

胖　丫:小博士,最近打听阳光养猪的人多了,不少人都想去好的阳光养殖基地参观参观,你给推荐几个呗。

小博士:阳光养殖基地主要分布在咱东北三省和河北、内蒙古等地区。像咱辽宁省是全国阳光养殖的发起省和示范省。

胖　丫:那咱们省内都哪些养殖基地特别好呢?

小博士:比如抚顺兰山阳光养殖基地、沈阳方瑞阳光养殖基地、台安的生容享养殖合作社、黑山小东种猪场等,分布在全省各地,都是辽宁省畜牧局重点推广的阳光养猪项目基地呢。

胖　丫:那我家离抚顺近,我就去抚顺兰山阳光养殖基地参观啦,看看人家是咋管理的。

小博士:他们实行"六统一",统一阳光猪舍、统一无药瑞丰饲料、统一阳光福利管理、统一阳光优良猪种、统一阳光屠宰、统一阳光猪肉品牌专卖,这样就保证了阳光猪统一标准啦,阳光猪肉也是安全好吃的优质猪肉。

环境友好型阳光猪舍

文稿六

为啥阳光养殖模式成为主推模式？

编导：李子玲　　摄像：徐岩　　时间：1分

胖　丫：小博士，你说为啥阳光养殖模式成为畜牧部门的主推模式呢？

小博士：这可不是随随便便就推广的，辽宁省畜牧技术推广站在全省做试验，用阳光养猪模式，使仔猪成活率提高了5%、保育猪日增重提高了8%、料肉比降低了5%、育肥猪日增重提高了10%，有这么多实证数据让阳光养殖模式成为全国推广的示范项目。

胖　丫：那这种阳光养殖模式在辽宁省推广挺大范围了吧。

小博士：总共推广辐射阳光猪舍面积70万米²。今年和明年还要推广阳光猪舍面积30万米²左右，每年能出栏阳光猪100万头呢。

胖　丫：我觉得这项技术推广快、学起来容易，成本也没怎么提高。

小博士：对呀，阳光养殖模式示范效果好，能够改善猪舍环境，进猪舍里没啥味；能增强猪体免疫力，提高猪体抗病力；还能保证猪肉安全，改善猪肉品质，实现猪肉无药残、猪肉好吃的目标；最终提高了养猪的经济效益。

胖　丫：还有呢，用阳光养殖模式产生的猪粪尿也是优质安全的肥料啊，我种出的蔬菜瓜果啥的也更安全、更好吃了。

　　阳光养殖模式的科普以"提问＋回答"的形式，讲解了阳光猪肉从生产到餐桌上常见的100个问题，内容深入浅出，语言通俗易懂，力求人们能读得懂、用得上。这项由辽宁省畜牧技术推广站主推的综合养殖技术，用生动鲜活的推广方式，在北方地区得到了大家的认可。高品质无药残的阳光猪肉，成为2008年奥运会沈阳足球赛区特供猪肉，也成为2013年全国运动会专供猪肉。

　　在共生、共荣、共享理念指导下，由沈阳市营养学会发起，由辽宁省畜牧技术推广站和沈阳农业大学养猪研究所共同攻关，研发出《阳光健康养殖模式综合配套技术》，在辽宁省5个市（县）进行试点，通过媒体传播，获得圆满成功，在全省推广和辐射带动阳光猪舍达到100万米²以上。

源自科技、粒粒不凡，玉米新品种＋配套技术
——以科技成果转化为中心的农业科普方式

以科技成果转化为中心的科普方式经常伴随着从春种到秋收的持续推介和全程的科普展示，以试点为基础、活动为依托、推广为主线而进行。农业科技成果转化推广是非常讲究方式方法的，好的推广方式和大的推广力度会加速科技成果转化进程，同样，围绕着相关科技成果的宣传推介也必不可少。下面以辽单系列玉米新品种＋配套技术的科普推广为例，让我们了解一下科学技术是如何转化成生产力的。

玉米品种介绍：

辽单系列玉米新品种

滋养万物的辽河水

北纬 40°玉米黄金带

孕育抗旱抗倒的辽单系列玉米品种

源自科技　粒粒不凡

配套技术介绍：

玉米密植群体调控栽培技术

玉米减肥增效与免耕技术

全程机械化技术

病虫害绿色防控技术

玉米-大豆减肥增效轮作技术

玉米秸秆综合利用技术

玉米生产信息化管理技术

试点区域：辽宁省农业科学院携手铁岭县人民政府，配合中国农业科学院，在铁岭县蔡牛镇张庄合作社试验示范多项玉米增产增效技术，为提高东北地区玉米生产质量、增加效益提供有力的技术支持。

理论基础：围绕机械化绿色增产增效集成技术的应用正在东北广袤的黑土地上席卷开来，创新的技术模式给当地百姓带来新的种植体验，得到了广大农民的支持认可和积极参与。辽宁省农业科学院玉米研究所在玉米减肥增效与免耕技术上开拓创新，推出一系列科学实用的种植管理模式。

玉米栽培模式创新

平垄种植　深松作业

受访人：辽宁省农业科学院玉米研究所研究员赵海岩、技术员

在北方农村，沿袭多年的玉米种植方法就是翻地、起垄、旋耕、播种，大多数的乡亲们也都习惯了起垄播种。但是辽宁省农业科学院玉米研究所大胆创新，大力推广平垄播种玉米。

*赵海岩：*我们已经有5～6年的时间进行平作和垄作的效果试验，其实呢，平作相对来说，比垄作产量要好，这是我们的试验结果。

另外，现在平作都属于机械播种，机械播种对于垄作来说，它极有可能在播种的时候，在垄的部位没有对齐，那么保苗就差。

显而易见，传统的起垄播种方式，使裸露土壤增加，土壤水分蒸发较快，土壤保墒效果差。

赵海岩：由于起完垄之后裸露出来的面积就相对增加了，春天的时候风大，在比较干燥情况下，它水分散失比较大。咱们辽宁这块啊，可能是属于这种春旱，墒情不够，而这个平作呢，就减少了土壤水分蒸发。相对来说它不存在这个问题，那么它的保苗效率就是要优于垄作，同时，在春季的时候，具有保墒作用。

对比证明，平垄播种，机器进地的次数减少，土壤墒情好，抗旱能力增强。而且深松作业也有效保护了土壤墒情环境。

赵海岩：它可以深松到30厘米左右，目前咱们这个土壤能够被植物有效利用的活土层现在非常浅，基本上是在15厘米左右，这种情况就意味着土壤缺水。打破这种犁底层，加深这种耕层，也就是增加它需水和需肥的能力，在后期才能有效保证玉米生长中水分和养分的供应。

技术员：对，咱们研制成果就是让它打破犁底层，达到30厘米，让玉米在生长的过程中，根系可以扎下去，这样就可以抗倒伏，产量也会提高。

玉米深松作业

文稿二

辽单优质新品种　黑土地腐植酸肥料

受访人：辽宁省农业科学院玉米研究所所长王延波

在这项高产栽培技术模式中，辽宁省农业科学院玉米研究所选用了最新审定的辽单玉米品种与丰度脲甲醛腐植酸螯合肥料，呈现了良好的组合效果。

王延波：试验品种主要是我们玉米研究所自己选育的辽单575品种，这个品种本身就拱土能力强、出苗强，这样抗旱能力就强。在配套上我们的免耕精量播种技术，就能有更好的齐苗壮苗的作用，没有出现缺苗断苗的现象。相比于很多垄作的和其他品种苗出的不全、不齐的情况，该品种就强得多。苗全、苗齐、苗壮，这就为秋天的产量奠定了基础，能够保证玉米产量，达到抗旱的目的。

赵海岩：这个品种的特点啊，它的抗性比较好，它的丰产性和籽粒品质与先玉335应该说不相上下。甚至略微有点优势，最大的优势就是比先玉335抗倒性、抗病性要强。所以从熟期来说，在咱们辽宁省至中晚熟期，它适应的范围比较广。就是说在辽西的半干旱区，包括辽中地区、

长势良好的辽单575玉米

辽北地区，辽单 575 是大伙儿比较喜欢选择的一个品种。

在免耕栽培和减少肥料的技术环节中，试验田减少肥料施用 20 千克，选用脲甲醛工艺的长效腐植酸螯合肥。肥料含量 48%，26-10-12，脲甲醛工艺能实现养分逐级释放，后期不脱肥，减少农民后顾之忧。智能、可控，能根据作物对营养的需求释放能量，肥料利用率达到 60% 以上。

📽 文稿三

生物菌肥添加　磁化锌增效剂应用

受访人：辽宁省农业科学院玉米研究所研究员赵海岩

在减施肥料的同时，技术人员为每亩地增施 10 千克生物菌肥，又以磁化锌作为增效剂进行添加，实现了减肥料、增肥效的良好效果。

赵海岩：像磁化锌这种肥料，它的增产幅度比较大，可增产 4%。但它的施肥量和这个普通高产田的施肥量，基本上一致。

综合测算，相比于常规播种方式，免耕栽培，平作播种，减少了进地次数，减少肥料使用量，平均每亩地能节省 35～40 元，通过施用长效肥、生物菌肥以及磁化锌增效剂，1 亩地能够增加效益 90～100 元。这样，每亩地节本增效 120 元以上，总的效益有显著提高。这项技术在未来的生产中将会发生增产提效的良好作用。

📽 文稿四

小双行播种　无人机打药

受访人：辽宁省农业科学院玉米研究所所长王延波、研究员赵海岩，示范户姜文野

在 2002 年的高产栽培模式中，技术人员采取了机器小双行播种方式。这种小双行播种机，是中国农业科学院作物科学研究所研制推广的小型双行播种机，它可以实现免耕播种、旋耕和深松同时作业，还有小双行播种方式。

赵海岩：这两个过程最关键的是小双行播种。过去别人认为这个小双行，可能是离很远，实际上小双行之间的距离，基本是在 5~8 厘米。它是对角错位来播种的，从这个机械的角度说，解决了咱们目前土壤耕层浅、玉米后期脱水脱肥的问题。

采用小双行种植方式，可以改善玉米的通风透光条件，促进植株生长，提高玉米产量。据测算，采用这项技术可提高单产 7%~8%。

无人机飞防打药也是这项高产栽培技术的亮点，在病虫害发生的季节，以往靠人力打药和靠机器喷施效率低，无人机打药减轻了农民的劳动强度，提高了作业效率。

新品种玉米产量喜人、丰收在望

姜文野：我们要是防治黏虫，以前基本上是人背药壶打药，或者是用那种喷药机喷药，但是容易造成人中毒。现在基本上一旦预报有黏虫发生，我们就用无人机去喷药。

王延波：无人机是在玉米层的上面飞行，同时药液是雾化成特别微小的水滴，无人机旋翼产生的风又能够使玉米叶子来回摆动，这样就使药均匀附着在玉米叶的正反两面。同时，因为人不进去，只是在外面遥控，农药就不会对人体产生危害。使用无人机喷药又省工、又省力，同时又安全，而且效率还高。

姜文野：无人机的效果就是人在地头就可以控制，现在的先进技术就是打点，这四个点就是打完以后，你只用装药、换电池，飞机自己就可以作业，对植株没有伤害，人也没有中毒现象，效果非常好。

据计算，用无人机打药飞防，一壶药能喷施 10 亩地，一天能喷 200 亩地，极大地提高了工作效率。

农民关注新品种、新技术

📽 **文稿五**

节水保墒　降低成本　培肥地力　提高产量

受访人：示范户姜文野

采用这项高产栽培技术，实现了节水保墒、降低成本、培肥地力、提高产量的作用，为秋收奠定了丰收的基础。

姜文野：对啊，那当然了，在机具使用上少翻弄土壤，你这个作业少了，就是节本了。用免耕播种机播种，出苗好了，苗量上来了，秋天收割穗数多了，产量自然就提高了。产量提高了，还节本；虫害上来的时候，再用无人机飞防，这样既节本增效，又提高了生产安全性。

📽 **文稿六**

可持续发展　农业综合效益提升

这项技术的推广，得到省内各地农业推广部门、合作社、种植大户和广大农民的关注和认可。每一次的现场会都吸引来大批农户参观，大家纷纷表示要采用这种新的综合配套技术和栽培模式。

通过限产观察，免耕平作和小双行的种植模式，对于苗期抗旱作用非常明显。在干旱年份传统种植只出五成苗的情况下，这种种植模式也能保证出苗率达到九成，保证了玉米的后期产量。

玉米减肥增效和免耕播种技术包括秸秆处理、免耕播种、化学除草、机械深松、测土施肥与肥料运筹、病虫害综合治理等环节，是与现代农机技术、简化栽培技术及生态需求相适应的先进农作体系。

玉米测产

综上，一项农业科技成果转化及配套技术推广经历了一个完整的流程。整个流程持续1～2年，面对有限的耕地资源，科研人员和广大农民都在寻找优秀的玉米品种和高产栽培模式，这个过程不是科研人员的独舞，而是从育种到栽培、从专家到农民的合奏。农业科普之路漫长而辛苦，这些科技工作者们耐得住寂寞、守得住清贫，怀揣理想、艰苦奋斗，他们把论文写在田间地头，写在北方广袤的黑土地上。

伴随着科技的发展，玉米栽培技术不断更新，以品种＋配套技术科技成果转化为核心的农业科普方式发挥着越来越突出的作用。

六 试验、示范、推广三步走
——传统经典的农业科普方式

　　试验、示范、推广这种传统的农业科普路径在 20 世纪末期是常态的推广设置。一般是以科研人员创新性研发结束为起点，进行中间环节的试验和小规模示范，再扩大范围应用、推广到形成产品竞争优势以及为生产者带来收益，进而实现成为生产力或者促进生产力发展的运作方式。这个路径全程走下来，算是完成了一次标准的试验、示范、推广的农业科普模式。

　　下面以辽宁省农业科学院玉米研究所沈北科研试验基地为例，看看农业科普试验、示范、推广的流程。

　　地点选择：辽宁省农业科学院玉米研究所沈北科研试验基地，位于沈阳市沈北新区小杨河村（42°03′N，123°57′E），基地面积 1 500 亩，是玉米国家工程实验室（沈阳）、辽宁省国家玉米区域技术创新中心、辽宁省国家玉米原原种扩繁基地、国家玉米产业技术体系沈阳综合试验站、辽宁省中部地区国家农作物品种区域试验站和辽宁省玉米遗传改良与高效栽培重点实验室等创新技术研究的平台。"十一五"以来，依托该平台，共有 53 个"辽单"系列玉米新品种通过审定，其中，国审品种 17 个，全国累计推广近 2.0 亿亩，新增粮食近30 亿千克，新增经济效益近 35 亿元。制定行业标准 1 项、辽宁省地方标准 5项，出版著作 6 部，发表学术论文 200 余篇。研究成果荣获国家科技进步奖二等奖 2 项、辽宁省科技进步奖一等奖 4 项、农业部农牧渔业丰收奖一等奖 1 项等，基础研发和能力在全国科研单位中位居前列。辽宁省农业委员会领导和专家开会论证，确定将沈北科研试验基地作为该项目的"科研试验基地"。

　　功能定位：基地功能定位包括三个方面，一是入驻专家团队开展的源头创新工作，主要包括玉米根冠耐旱机理研究、玉米源库氮素吸收与利用机制、玉米增密减氮增产机理、秸秆还田最佳耕作形式、田间植株布局增产效应、病虫害绿色防控技术等共性关键技术创新与集成，为区域农业科普服务基地和示范田提供科技创新动力源泉；二是人才培训工作，重点开展省、县、乡三级专家服务人员和经营主体的科技培训；三是技术展示工作，重点开展新品种、新技术、新机具、新产品的展示。

　　基地建设与条件提升：在沈阳市沈北新区落实基地面积为 1 500 亩。在原有条件基础上购置了 1 套试验小区播种机、1 台无人施药直升机，建设了

6 000 米²田间道路，整体上提升了基地的装备水平及示范能力，丰富了玉米全程机械化研究和示范内容，2017 年新增购 1 台（套）投影设备。

辐射带动区域：8 个区域农业科普服务基地和 50 个"千亩方"乡镇。

辽宁省农业科学院玉米研究所沈北科研试验基地依托辽宁省农业科学院信息中心，采集科研试验基地、农业科普服务基地、示范田和各级专家基本信息并进行动态管理，为专家远程咨询提供服务，为技术示范推广提供信息保障。

但是，随着时间的推移和网络的兴起，传统的推广模式受到挑战。人们会疑惑，农民为什么会购买没有试种过的新品种？农民从"眼见为实，到耳听为实"表明了一个什么样的变化？"试验、示范、推广"是我们一直坚持的农业推广程序，在新时期需要进行调整吗？

时代给农业科普方式带来了冲击和改变，农业科普之路也因此变得丰富多彩。

第二章　探索　瓶颈

一　束之高阁的成果
—— 亟须供给侧结构性改革

首先，农业科研机构中的研究者与技术的终极用户——农民之间存在着明显的断层现象，科研单位长期处于传统的科研管理模式中，使一些科研项目变成了以评职称和获奖为目的，真正先进实用的科技没有推广到农户。科研成果束之高阁，也失去了转化的动力和意义。

其次，农业科普服务人员的作用没有更好发挥。目前有些农技推广工作者只是被动地接受任务、被动地完成任务，缺乏主动性。一些人很少主动在生产中学习完善自己，科学研究能动性差。知识在不断更新、技术在不断进步，这就要求农技推广服务人员的知识也要跟上科学技术的发展，这样才能更好地服务于生产。

在很长的一段时间内，农业科普服务过程中，科研与成果的推广结合不够紧密，有的地方在进行科技引进时，没有很好地把技术与市场、社会相结合，使推广的玉米科技成果并没有转化成现实有效的生产力。此外，不够灵活的机制和体制也在某种程度上制约了玉米科技成果的应用和推广。盲目引进的多，消化创新的少，配套技术和管理跟不上，造成投入的成本较高，而产出的效率却很低，很多科技成果投入和产出严重地脱离了农民的需要，未能起到带动周边地区玉米产业结构调整、增加农民收入的作用。

二 前端后端的割裂
——强研发 弱推广

过去，农业科普推广普遍存在科研、技术服务与生产三个部门之间相互独立、缺乏联系的现象。许多科研成果不能进入农业生产一线，生产者得不到急需的实用技术，从而使农业生产技术水平和产品竞争力受到影响，农业生产效益得不到提高。一方面，现有的基层农业科普服务体系是在国家统一部署之下，对推广中所需的人力、物力和财力等资源进行统一的分配与管理，对于重点的技术成果也是采取统一的推广方式。随着市场经济发展和农村经济多元化，农民对农业科技的需求也趋于多元化，由政府主导的单一农业科普服务方式已经很难适应这一现状。另一方面，一些地方在对原有的农业科普服务体制进行改革时，使得农业科普服务体系在一些基层地方服务功能被削弱，有的甚至已经名存实亡。体制改革目标不清，使得农业科普推广服务的主干力量受损，直接造成了农业科技成果推广的困难。因此，构建适应农民需求的新型农业科普服务体系已成为当务之急。

辽宁省的玉米产业农业科普推广服务工作主要是推广一些新的农业生产服务模式或者生产技术，以提高玉米的产量和品质。在推广过程中，通过政府和相关农业推广机构利用面对面交流及借助媒体传播等方式，向所有农民进行新技术和新知识的培训、指导和示范等，并且选择有代表性的农民作为示范，实现各种先进农业科普信息的有效传播。现有的基层农业科普服务体系，虽然可以初步满足玉米产业发展的需要。但随着玉米产业供给侧结构性改革的逐渐深化，以及高新生产技术的持续涌现，现有的农业科普服务模式显然难以满足玉米产业高速发展对农业技术的需要。如果基层农业科普服务过程故步自封，不进行模式的持续性优化设计，就很有可能导致基层农业科普服务过程陷入僵局，玉米产业经济的发展也很有可能出现停滞不前的情况。在这样的背景下，就需要从创新基层农业科普技术推广服务模式入手，把握好农村经济的未来发展趋势，实现农村经济的可持续发展。

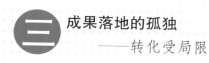

三 成果落地的孤独
——转化受局限

综合大多数地区的玉米产业农业科普推广服务方式，基本上主要还是以新技术（品种）示范推广、农作物病虫害、农民技术培训为主，把农业技术普及到具体的农业生产活动当中去。这种农业科普服务形式注重的是单纯的技术推广，而忽视了其他方面的重要因素。随着经营主体的不断变化和种植业的快速发展，如果仅仅是在生产技术上做文章，却忽略了产前和产后的工作，最终就会导致资源的浪费、自然生态环境的破坏等诸多问题。农业科普人员对推广新技术（产品）的发展前景、实际效果等缺乏足够的跟踪指导。从根本上来讲，这种推广服务方式并不利于农业的可持续发展。农业科技成果孤独地落地，转化必然会受影响。

另外，广大农民对农业科技成果采纳接受能力也相对较低，农民文化素质普遍较低，新技术普及困难。农业科普服务的最终受益者是农民，农民素质的高低在很大程度上决定了农民学习和应用科技的能力。随着城市化进程的加快，较多的农村青壮年都逐渐进入城市务工，留在农村的务农人员多是一些老弱妇幼，其文化底子差，综合素质跟不上时代发展的脚步，对于政府推广的农业生产技术不能很好地掌握，在实践过程中经常会出现中途"夭折"的现象，根本无法满足农业科普服务的要求，更不能实现农业科普服务的目标，制约了乡镇农业科普服务工作的开展。同样，农户们在使用高新技术之前，都会在内心先打一打自己的"小算盘"，他们普遍都会对即将投入的成本和将来所能获得的收益进行横向比较，只有当结果显示为收益大于投入时，他们才会选择使用高新技术。此外，农业高新技术在使用之初也确实蕴含着一定的风险，这让农户们更加谨慎地投入资金和劳动力，所以他们大多对农业高新技术保持着观望态度。

保障激励的不足
——专业团队少

在玉米产业新技术科普推广服务过程中，遇到的首要问题就是资金的问题，政府在新技术推广服务中投入的资金会严重影响新技术推广服务的效果。从部分地区玉米产业推广服务现状来看，推广服务资金不足已经是一个较为普遍的问题。调研中我们发现：在个别乡镇，甚至没有最简单的技术设备，严重制约着农业科普服务工作的开展，使一些新的综合配套技术无法引进、试验、示范、推广，造成产业结构调整滞后。从目前推广服务经费的来源看：许多乡镇农业科普服务机构的经费来源较为复杂，上级和同级的财政拨款以及自身的创收均是其经费的来源渠道。然而，就当前情况来看，一方面，政府部门的下拨经费相对不足；另一方面，乡镇农业科普服务部门的创收能力薄弱，无法实现自我经营和创收。这样一来，机构的大部分经费用于农业科普服务人员的工资收入，而用于技术推广服务的费用也就相对匮乏，推广服务工作开展难度较大。

原则上，农业科普资金的使用应公开透明、择优支持、定向使用、科学管理和专款专用。严格执行资金与项目推广效益挂钩，坚持考评、责任和奖惩相结合的原则。然而，从各地区的农业科普资金使用来看，资金使用在制度中尚无明确详细的规定，财政预算、地方政府拨款，以及金融机构对于农业科普投资的比例也没有具体要求，这些行政壁垒使农业科普资金难以产出投资综合价值。农业科普服务的投放资金到达地方政府以后，地方政府没有对推广资金进行合理配置，导致资金没有落到实处。

在一些乡镇，农业科普人员的编制被挤占、挪用，农业科普服务人员经常被抽调到乡镇政府搞各种"中心工作"，个别乡镇随意安排非专业人员从事农业科普推广工作，导致基层农业科普服务工作严重滞后。致使乡镇农业科普人员工作重心没有真正落实到农业科普服务工作上，乡镇农业科普服务职能严重缺位，很大程度上影响了工作的开展。同时玉米产业农业科普服务队伍结构也不尽合理：80%都集中在产中阶段，而产前咨询、产后加工、保鲜等领域的专业人员极少，难以适应当前市场经济发展的要求。

有的乡镇农业科普人员专业比例偏低，专业人员比例达不到60%。由于基层推广机构待遇低，工作艰苦，过去多年培养起来的农业技术人员有些离开了工作岗位，使从事农业科普推广服务的专业人员逐年减少。而高学历、高职称、年轻的农业专业技术人员不愿从事农业科普服务工作，造成现有农业科普人员年龄普遍偏大，农业科普人员队伍整体素质有所下降。不能适应新形势的发展。

一直以来，让农业科技成果从实验室到田间地头，一直存在"最后一公里"没接通的问题，不仅造成了巨大浪费，而且加剧了科技与实际脱节的情况。在科技成果转化的农业科普过程中，单纯依靠农民"拔高"很难实现，应借助专业大户、农民专业合作社、农业龙头企业等新型农业经营主体。由于新型农业经营主体的出现，农户对科学技术的需求已经从"被动"变成了"主动"。传统的行政推动、技术培训、现场指导、咨询解答、宣传讲解、示范带动等服务方式越来越不能适应新型农业经营主体发展的需要，他们迫切需要良种、植保、加工储藏、营销、信息等产前、产中、产后的全程服务。

要推进农业科普服务工作，就是要通过多种手段，从农业科普模式与机制入手解决存在的问题，建立适应农业科普推广服务工作实际的农业科普服务新模式，才能实现科技成果的快速转化。

第三章　深耕　扩散 大众传媒绽放

如果能真正走进这片黑土地，就会知道它无穷的魅力，就会知道什么是田间地头上的家常话，什么是炕头炕梢的贴心嗑，什么是农家院里的丰收舞，什么是稻花飘香歌满车。

《黑土地》栏目标题

作为一档公益性农业电视栏目，《黑土地》栏目的社会影响力大，品牌美誉度高。从另一个角度讲，这种社会影响力也代表着栏目自身的生存之道。三农是一块大蛋糕，谁都想切下一块，新闻、民生、科普、法制、文艺等好多栏目都在报道三农，有的时效性强，有的娱乐搞笑，有的惊险猎奇。农业电视栏目在这样的夹缝中生存，稍有闪失，就可能面临节目撤销的危险。

《黑土地》栏目在这样残酷的竞争环境中，能够长久生存下来，与栏目每天呈现的翔实丰富的信息密不可分，更重要的是《黑土地》栏目以服务的理念牢牢锁住观众，坚持农业科普实践，形成了属于自己的固定收视群体，拓展了自己的生存空间。

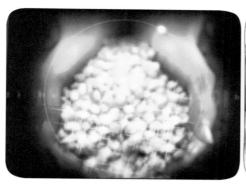

《黑土地》栏目为农业科普搭建了桥梁

 大众传播与扩散
——主流媒体的担当

在农业科普的过程中，在内容为王的时代，主流农业媒体发挥的作用非常明显。以农业电视栏目《黑土地》为例，栏目的内容也主要围绕着三农做文章。

《气象资讯》第一时间提醒天气变化；《三农快递》及时发布政策、市场等宏观与微观信息；《魅力乡村》全方位、多角度展示辽宁省不断涌现出的新农村典型；《专家一点通》由全省各界权威专家及时为农民解答技术、市场等热点问题；《植保120》及时发布全省虫情预报，组织植保专家深入田间、地头为农民答疑解惑；《禾丰养殖前线》关注养殖前沿信息、传递科学养殖观念；《八面来风》放宽视野，汲取国内外最新农业技术、品种及发展理念；《用工信息》为全省的劳动力转移随时提供信息来源。

除了常设性版块，季播类版块和阶段性活动也是《黑土地》栏目必不可少的内容。《咱的好日子》展示新农村建设成果，推广科学的现代农业发展模式；《玉米王挑战赛》发起受众参与热潮，推介科学、前沿的生产模式；《情暖农家　送岗下乡》作为大型公益活动，在农民最需要的时候，把适宜的岗位与技能培训送到农民身边；《黑土地　三农论坛》组织专家与农民面对面交流，现场实地解答农民提出的问题，传递市场与政策信息，全面提升农民综合素质。

1. 《黑土地》栏目信息量

栏目时长 30 分，具体内容如下：

片头＋广告＋本期提要（3 分）

演播室：主持人开场语（30～40 秒）

《三农快递》版块（1 分 30 秒～2 分)＋《气象资讯》版块（1 分）

主持人串联＋《致富之道》版块（3 分左右）

主持人串联＋《禾丰养殖前线》版块（3 分左右）

下节介绍＋宣传片＋广告（3 分）

主持人串联＋《专家一点通》＋《八面来风》（5 分）

主持人串联＋《魅力乡村》或《三农话题》（7 分）

片尾（30 秒）

选题范围：大农业范畴

电视手段：主题策划或记者亲历式采访

《黑土地》栏目版块设置丰富

2.《黑土地》栏目的宗旨是情系黑土、服务农家

农村一家一户的小生产与社会化大生产的冲突，决定了农业电视栏目的服务特质。多年来，《黑土地》栏目一直把服务放在首位。"情系黑土 服务农家"是栏目多年延续的开篇定位语。《黑土地》栏目的服务已经延伸到记者每一次采访实践中，延伸到耐心接听观众的电话、拆阅农民来信并及时回复，延伸到每一个精心制作的节目中，延伸到每一期的特别报道中，贯穿着节目的全过程。

3. 农业技术科普服务构成《黑土地》栏目基石

传播先进的科技知识是农业电视栏目的主要任务。我国农业发展水平不高，农业科技成果转化率较低，这就要求农业栏目加强对农民的科技服务。通过介绍新品种增加农民认知；通过改变传统耕作模式，提高作物品质，增加生产效益；通过改变传统饲喂方式，降低饲养成本，提高养殖收入；通过介绍农业发展方向，农产品深加工等，倡导农民尝试不同领域生产，提升综合技能。

4. 信息与市场的科普服务提升栏目层次

解决"卖难"问题，是《黑土地》栏目信息与市场服务的主要内容，这种服务也发挥了农业媒体信息传播主渠道的优势。

在农村，家庭作为一个相对独立的生产单位出现。通常情况下，农户需要单独决定生产品种，独立掌握生产技术，自己面对市场，这就决定了他们对农业生产信息的需求是全方位的，包括如何选择品种和掌握技术、市场情况等，这就要求《黑土地》栏目要更多关注市场，为他们提供信息。立足市场引导农业生产，增加项目动态、市场行情、前景分析的内容，也提升了《黑土地》栏目自身的层次。

技术服务促进农业科普推广

二　有效沟通

——主持人角色化定位　语言风格赢得喜爱

1.《黑土地》栏目的形式

《黑土地》栏目开创了主持人角色化和演播室场景化的先河。农业电视栏目的核心竞争力就是个性，《黑土地》栏目主持人的角色化和演播室的场景化代表着《黑土地》栏目的鲜明特色，也成为树立栏目品牌的有益探索。

主持人"大明白""小广播"就是乡村信息传播的原始代言人，"小广播"负责传达信息，"大明白"负责解释疑问、分析新闻背景，两个人口语化交流，消除了受众和媒体间的隔阂和障碍。

主持人承载着栏目最鲜明的特征符号，传递着栏目最富特点的信息内容。栏目即主持人，主持人即栏目。角色化的主持人能更好地传递节目内容。

设计成具体的场景，按照角色特点布置成一个真实的庄稼院，就连道具也具有东北乡村的地域特点，篱笆墙、桦树墩、苞米串、剪纸窗花等。让主持人置身其中，增加角色感觉，加强受众传播效果。

《黑土地》栏目主持人

《黑土地》栏目"大明白""小广播"两位主持人的外形塑造具备东北老乡的鲜明特征，主持人也承载着《黑土地》栏目最鲜明的特征符号，传递着栏目的个性表达。

在信息爆炸的时代，一个栏目很难独占某一种资源，重要的是内容和信息如何表达才能让观众更喜爱？品牌的核心竞争力还是个性，个性表达才能取得最佳的收视效果。这种个性表达在共性化传播平台上显示出独特的优势，《黑土地》栏目也通过主持人角色化这种独特性在众多的电视栏目中脱颖而出，扩大了自身的影响力。

2. 语言风格赢得受众喜爱

一直以来，《黑土地》栏目采用热炕头上唠新闻的播报方式。农家院、小炕桌，主持人炕上坐，这种浓郁的东北风情深深吸引着观众收看的欲望。主持人轻松幽默的播报方式也让人感受到前所未有的亲切感和贴近感。

这种轻松幽默的语言风格不仅体现在主持人的播报上，还渗透到编辑、记者的每一次采访和每一篇稿件上。这种由地域化渗透出的乡土文化特质，抓住了观众对民俗特点的好奇心理和强烈兴趣，营造了一种地域文化情绪和乡土文化氛围，深受广大电视观众的喜爱。在生动有趣和不知不觉中，完成了农业科普的任务。

三 保持农味　扩大范畴
——农业栏目与受众的"瓜秧情结"

探讨农业栏目与受众的关系，首先要明确受众的概念和农业栏目的受众范畴。站在大众传媒角度看，受众是信息传播的接受者和服务对象，是读者、听众和观众的总称。对于一档农业栏目来说，它的受众涵盖了三农领域中的涉农群体和关注三农的广大群众。

大众传媒单向传播的"枪弹论"观点早已成为历史。"农业栏目播啥，受众就接受啥"的主次倒置现象如今已得到很大改观。广大媒体人会有这样一个切身的体会：受众是大众传播媒介生存和发展的根基和土壤，同时媒介对受众也起到必不可少的导向作用，他们二者是相互影响、互为促进的。

在这里，我们把农业栏目与受众的关系称为"瓜秧情结"。这种"瓜秧情结"有其独特的形成原因和表现方式。

1. 行业栏目窄众特质，服务三农广众所需

以辽宁卫视《黑土地》栏目为例，它是一档行业性的、专业化很强的窄众栏目。但是，窄众栏目的受众很宽泛。一系列社会因素决定，电视依然是辽宁省广大农民群众获取信息的主渠道，再加上卫星频道的广泛覆盖，以及我国农业人口的数量状况，《黑土地》栏目的受众群体显然是非常庞大的。

我们承认，电视分众是一种必然趋势，这也导致传媒向"窄众化""小众化"发展，行业栏目的窄众特质无法改变。但是，统筹城乡经济发展、推进城乡一体化进程等一系列大政方针表明，我国的三农问题正在得到前所未有的重视。因此，农业栏目有着更为广阔的报道空间和更加深厚的生存基础。再加上

权威专家赢得大家认可

多年来《黑土地》栏目秉承的乡土味浓厚，实打实的报道方式，使其呈现出了城乡皆宜、雅俗共赏的态势，《黑土地》栏目赢得广泛的受众也由此而知。

2. 瓜秧难离，农业栏目应准确定位，满足受众需要

受众需要是传播媒介产生和发展的动因，所以如何更好地满足受众需要就是农业栏目时刻思索的问题。传播实践表明，受众需要是随着社会发展不断变化的，表现出永不满足的持续性。就《黑土地》栏目来讲，受众需要花样翻新、层出不穷，对技术的需要、对信息的需要、对市场规律的探寻。同时，一种需要也会多次出现，每年《黑土地》栏目有一个不变的报道方向，就是帮助农民找市场，解决"卖难"问题。正是不断满足受众的需要，才使得《黑土地》栏目多年来愈加受欢迎。农业栏目与受众的"瓜秧情结"也在这一点一滴中建立起来。

从一定意义上讲，我们不得不承认广大农民是社会经济环境中的弱势群体，但是在大众传播领域中，农民这个弱势群体却是主流受众。所以，农业栏目必须保证农民的话语权，这是农业媒体的责任，也是每一个农业媒体人心里不变的准则。

严格来讲，《黑土地》栏目的传播还处在信息短缺的状态，有时候广大受众会感到没看够、不解渴，还希望得到更多的信息。这也表明，受众与媒体沟通越丰富，媒体才能更好地了解受众需要什么，真正做到有的放矢。这种不断的沟通，也使得农业栏目与受众的"瓜秧情结"变得更加浓厚。

3. 秧多瓜好，农业栏目需转变视角，扩大受众范畴

考量《黑土地》栏目收视效果的是全国 70 个大中城市收视率指标，这在一定程度上表明，收视率的高低不足以说明这档栏目的受欢迎程度。但是，换一种思维方式，转变一下思考角度，城市的群体又有相当一部分非常关注三农，那些有农村情结的知青，那些喜欢田园、渴望回归自然的人们，那些亲手参与到农事活动的群体，他们都是《黑土地》栏目的受众，都是农业栏目生存的土壤。

争取到这部分群体的关注，也是《黑土地》栏目义不容辞的责任，我们不必去小心翼翼地迎合城市观众，农业栏目的报道渗透到从土地到餐桌的每一个环节，这些内容自有它存在的理由和价值。保持自己的"农"味，也一样吸引受众的目光。农业栏目与受众的"瓜秧情结"还在不断地交织与延展中。

当然，在"瓜秧情结"中，谁是瓜、谁是秧已不必再论证，就像鱼水关系一样，水承载着鱼，给鱼提供生存的给养和空间；秧滋养着瓜，为瓜输送生长的养分和能量。没有这种承载和滋养，鱼恐难生存，瓜又何尝能成为瓜？也正是因为保有这种浓郁"瓜秧情结",《黑土地》栏目才能一直这样接地气,才能成为离农民最近的朋友,才能走进广大受众的心坎里。

农业电视栏目与受众的"瓜秧情节"

不忘初心 演化升级
——用更好的形式服务内容

有一句话叫旁观者清，但是身在其中才会有更为细致的体验。伴随着《黑土地》栏目走过了多年时光，这个栏目也仿佛成了作者的亲人。它的一点一滴的变化都在心中留下印记，亲身经历《黑土地》栏目的几次改版、扩版，既接受变化的事实，又参与到变化中，也正是节目组工作人员的齐心协力，使《黑土地》栏目成为辽宁电视台的品牌栏目、省级电视台中的名牌农业栏目。

回顾《黑土地》栏目的成长历程，始终不变的是服务三农的宗旨，是电视人对农民的一片真情。但是，作为电视媒体的特殊性，《黑土地》栏目报道的形式在不断微调，报道的视野也变得越来越开阔。

1. 变"低头报农业"为"抬头分析农业"

过去，栏目只是抓住农业报农业，介绍春种秋收、种养技术、防病治病，服务基层农民，渐渐的，这种报道方式不能满足大部分农民的需求，我们的报道也逐渐涵盖了国家政策方针、农业布局、结构调整，通过以小见大的报道方式将除致富技术、品种以外的农业相关知识、信息传递给农民。

农业栏目记者现场报道

比如，《致富方略》版块，过去多是讲种养技术，现在增添了致富的窍门、致富的项目、致富的新思路等，让人有耳目一新的感觉。同样，在《乡村扫描》版块中，一些热点的、敏感的现象，也通过话题的形式体现出来，有一个《四十万千克腌萝卜谁来买》的片子中说的是农民签订单得不到兑现的事，通过双方各执一词和对事件的报道，给农民传递一个信息，如何签订单、如何维护自己的权益、如何按照订单去执行。当然了，节目的播出也帮助苦恼的农民卖出了大量积压的腌萝卜。

2. 变"抓住农业报农业"为"跳出农业报农业"

过去，节目的报道常常是某某农民种了几亩什么品种，产量效益如何，讲人、讲事儿的多，也就是常报道农民生产了什么，忽略了市场上需求什么农产品。

随着市场经济的深入，我们的报道角度也不断转变，许多节目开始以市场为切口，分析市场行情、趋势，然后再回到农业生产中。有这样一期节目《绿色食品——市场的宠儿》报道形式就是由主持人在超市了解绿色食品的销售情况开始。绿色食品销路顺畅、价格不菲，那么农民自然要关注绿色食品了，要了解绿色食品该怎样生产，接下来节目便邀请专家解释什么叫绿色食品，怎样生产绿色食品，乃至绿色食品效益如何。通过层层递进的形式，抓住了农民的视线，把相对枯燥的定义和严格的生产程序，深入浅出地说给农民。这种报道方式比直接说绿色食品如何如何要好得多。

同样，跳出农业报道农业也相当于把一潭死水变成了流动的活水，农民看到这样的节目自然也跟着眼界宽、思路广。

3. 变"蜻蜓点水"为"注重沟通"

农业节目有它的行业特色，然而许多编导并不了解农业，这样该如何做好农业节目，让农民学到知识和信息。过去我们常采取现学现卖，单纯依靠采访对象来介绍情况，用书面材料来补充解说词。这样的报道既不鲜活，又不易做到客观真实。

节目组提倡亲历式的报道方式，注重记者与采访对象的沟通，不是旁观者，而是亲身参与。有一个片子《看准林下种药材》，就是报道新宾县大四平镇农民在天然林禁伐后想办法靠山吃山，在林下种药材的发展方式。片子中记者跟着农民爬山，看到了种药材的场面，感受到了林下种药材的好处，分析和算出了林下种药材的效益，通过亲身经历告诉农民朋友，天然林禁伐后也能靠山吃山。这样亲身经历式的报道比采访对象干巴巴地说教要好得多。

不光如此，《黑土地》栏目采用了许多拉近节目与农民距离的报道形式，真正走进农民中去。2002 年初开办的《黑土地大篷车》版块做了一期《东西南北话种田》的节目，把权威专家和带着问题的农民组织到一块儿，实现了专家、农民面对面的零距离交流，这样做节目同样是传授科普知识，解答农业生产疑难问题，通过这种形式简单明了。

农业栏目记者采访报道林权改革

当然,这种报道方式,也增强了记者的平民意识和责任感,提高了专题节目的影响力。总之,把握导向,不断微调,用更好的形式服务内容,更好的实践服务三农的宗旨,增加权威性,办出品牌、名牌,就是《黑土地》栏目始终努力的方向。

农业栏目记者采访报道农家乐

农业电视栏目的创新
—— 从服务到干预

一档播出多年的农业节目该如何创新？这是一个值得思索的问题。辽宁广播电视台《黑土地》栏目自1998年1月1日开办以来，"情系黑土、服务农家"是其不变的宗旨。《黑土地》栏目的不懈努力，使之逐步成长为全国知名的品牌农业节目。

《黑土地》栏目坚持服务三农的宗旨，然而如何从被动服务过渡到主动服务，实现服务的前瞻性、客观性、有效性却是一个栏目历久弥新的关键。干预三农正是基于此而产生的，从服务三农逐渐转变成干预三农。这里的干预不是说教，不是批判，是善意的过问，是科学的引导，方式方法让农民易于接受，乐于接受。可以说《黑土地》栏目在新的历史时期正在努力完成着新形势下对农宣传的使命。

1. 从强化技术、注重生产、生活服务到引导销售、拓展市场、信息服务

《金钥匙》《致富方略》《致富讲道》《看招儿》等版块都是《黑土地》栏目技术类节目的代名词。实打实地讲技术，庄稼院、热炕头地唠知心嗑，都使得《黑土地》栏目成为离农民最近的朋友。但是，农户自己面对市场，这就决定了他们对农业生产信息的需求是全方位的，包括如何选择品种和掌握技术、市场情况等，这就要求《黑土地》栏目要更多关注市场，为他们提供信息。

还是以《四十万千克腌萝卜谁来买》这个片子为例，片中说的是绥中县的一个村妇女主任，种了一大片萝卜，由于信息把握不好，原本该切条卖，她却给腌上了，结果几十万斤腌萝卜没人买。节目播出后，不少电视观众找到那位妇女主任，说可以收购她的腌萝卜，借助农业媒体，一个供销平台就此搭建。后来此类节目一发不可收：帮铁岭的乡亲们卖山楂，帮阜蒙县的乡亲们卖花生，帮海城的乡亲们卖南果梨，帮绥中县的果农推销国光苹果……《黑土地》栏目在解决农民卖难问题上发挥了重要作用。

《黑土地》栏目在帮助乡亲们的同时也适当实施干预，引导乡亲们应该面对现实，适当低价处理积压的农产品，并引导农民对新一年的农业生产作出调整。《黑土地》栏目在帮乡亲们推销农产品时不仅仅是充当救火员，还在销售、市场信息上适时引导，恰当干预。《黑土地》栏目市场干预功效尽显，适当的干预使得像阜蒙县的甜瓜等这样的地方产业走上了良性循环道路。

2. 把握政策宣传时效，从侧重农业技术到加强分析、解读政策

广播电视媒体仍是农村信息传播的主要渠道，在把握宣传实效、宣传重点上，《黑土地》这档专题栏目也毫不逊色。为了让农民快速、明晰地了解政策，充分享受到国家的惠农政策，《黑土地》栏目不仅通过《三农快递》版块解读政策，还推出了《专家一点通》版块，对广大农民最为关注的政策问题进行具体剖析，使得惠农政策深入人心。

《黑土地》栏目与辽宁省人力资源与社会保障厅共同推出《用工信息》版块，大量翔实、准确的招工信息为农民进城务工提供依据。栏目组又推出了"黑土地 三农论坛——进城指南"大型现场互动活动，以点带面。《黑土地》栏目联手辽宁省总工会，共同推出了"情暖农家 送岗下乡"系列活动，让乡亲们不出家门就能签上就业合同。

3. 注重传播效果，以大农业视角，实现对农民思想上的干预

《黑土地》栏目不再以传统的思维、一成不变的眼光来看待农民。从大农业的视角出发，在传播内容的选择上作出了相应的转变。

适时推出系列节目《我在城里挺好的》——关注进城务工的乡里乡亲；《牵线搭桥》——给城里人了解农村和农村百姓了解城市开设了一个窗口；《关注留守儿童》——展现农村现实状态，体现人文关怀。

宣传新型农民典型，提升农民综合素质。《黑土地》栏目时刻不忘对农民思想素质的提升。前面介绍过的果农刘涛栽植的苹果新品种，获得了丰收。《黑土地》栏目做了几期展示丰收成果的报道，刘涛讲述了自己丰收的喜悦。第二年，刘涛家的果园非但没丰收，还严重减产，原因是上一年没有稀果，产量太高，导致了下一年的"小年"现象。这回果农刘涛又似乎成了反面典型，经历"大小年"事件后，刘涛渐渐成为当地有名的果树栽培能手。

农业电视栏目时刻关注三农

在不断调整的宣传报道过程中，黑土地上涌现出一批高素质、爱思考的新型农民，《黑土地》栏目是他们的朋友，也是他们的亲人、伙伴。注重农业科普，促进农民观念更新，推动农民素质提升，也成了《黑土地》栏目不可推卸的责任。

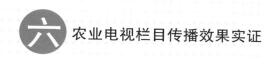

六 农业电视栏目传播效果实证

1. 宣传惠农政策

从 2004 年起，中央 1 号文件连续多年直指三农。可见农业农村作为国之根本的分量。每年的中央 1 号文件，都切中要害，切中实际，针对性极强，基本形成了我国 21 世纪农村改革的政策框架。

大量的惠农政策伴随着历年的中央 1 号文件出台。农民最关心的补贴政策也年年有，补贴品种和补贴项目不断增加。农机购置补贴政策正是在这种大的社会背景下出台的。

为了让农民及时了解、详细掌握国家的农机购置补贴政策，充分享用这项惠农政策，《黑土地》栏目继续发挥了农业媒体宣传主渠道的作用。通过立体的、系列的、形式多样的报道方式，宣传国家政策方针。

针对农机补贴的多样性，补贴范围的多样性、补贴机型的多样性，《黑土地》栏目专门在《专家一点通》版块里邀请行业专家，详尽解读具体的补贴内容，以深入浅出的方式讲解，便于掌握。《黑土地大篷车》版块进而推出农机购置补贴大型专题节目，主持人的一句"阳光明媚，庄稼院里开小会"拉开了农机购置补贴专题序幕，专家与农民现场畅谈补贴话题。在备耕生产前的关键时期，《黑土地》栏目借助全省农机具展示会的平台，陆续向前来参观的 10 余万农民宣传补贴政策，推介补贴机型，引起现场观众好评如潮。

如今，农机购置补贴政策已经深入人心。《黑土地》栏目宣传国家政策方针的有力平台也成功搭建。

2. 强化农业科普

《黑土地》栏目时刻注重强化农业科普，也采用了许多拉近节目与农民距离的报道形式，真正走到农民中去。系列科普服务的片子成为节目的基石和主要内容，每周六的《黑土地大篷车》版块，还把权威专家邀请到农民的田间地头，和生产一线的农民面对面交流。在轻松愉快的氛围中帮助农民解决生产生活中的实际问题，科普农业知识。

在一直受农民朋友欢迎的《黑土地大篷车》版块的宣传片里，作者写过，"愿每一种新技术都洗刷农业的传统生产/愿每一个新观念都撞击农民思变的心扉/因为对三农关注得深切，才有了专家农民的贴心交流/因为对这片土地爱得深沉，才有了每周一次的风雨兼程"。

专家与农民面对面

3. 《黑土地》栏目受众评价

问卷设计：为全面了解辽宁电视台农业电视栏目在辽宁地区的受关注程度，了解农业科普的效果，了解农民对农业电视栏目播出内容的需求、对播出时间的看法、对农业电视栏目未来发展的建议，特制定了调查问卷。并通过问卷调查的方式，掌握农村真实情况，了解农民心声，增进栏目组与农民朋友的感情，进而更好地开展农业科普，服务三农。

问卷结果测算：本次测评地点在朝阳市建平县小平方村，参与测评的是辽宁省部分乡（镇）的代表。参与测评的人士受教育程度普遍较高，大专及以上学历的占 38.7% 左右，家庭年收入大多集中在 3 万元左右。

观看《黑土地》栏目调查样本基本信息

项目区域	总人数	大专及以上学历人数	所占比例（%）	21～60 岁人数	所占比例（%）	家庭年收入 3 万元及以上人数	所占比例（%）
建平县	61	20	32.8	45	73.8	31	50.8
新民市	5	3	60	5	100.0	4	80.0
金州区	6	5	83.3	6	100.0	6	100.0
凤城市	6	2	33.3	6	100.0	4	66.7
铁岭县	10	3	30.0	9	90.0	4	40.0
其他地区	36	15	41.7	35	97.2	20	55.6
总计	124	48	38.7	106	85.5	69	55.6

通过调查问卷可以了解到，100%的受众能收看到《黑土地》栏目。经常看和偶尔看《黑土地》栏目的人占80.3%。

在20～60岁年龄段的调查对象中无论从事何种行业，有70.1%的人会通过广播电视来获取信息，33.3%的人依靠报纸杂志获取信息，30.1%通过互联网获取信息。

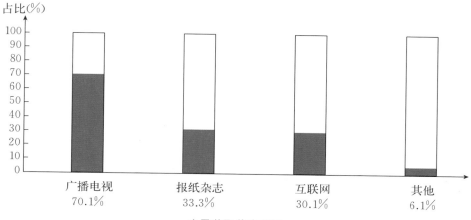

农民获取信息渠道

问卷调查显示：在《黑土地》栏目的众多版块中，人们更喜欢《魅力乡村》《三农快递》《专家一点通》《植保120》。

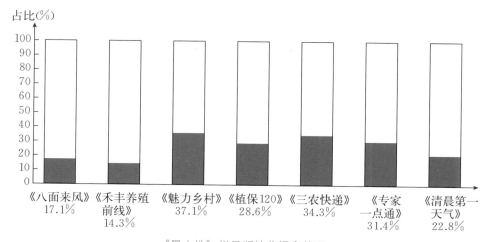

《黑土地》栏目版块收视率状况

通过调查问卷的其他题目，还可以得出如下结论：61.2%的人希望电视上出现更多的农业栏目，89.3%的人希望农业电视栏目出现自己的农资连锁店。

4. 受众测评结果分析

从问卷信息的基础部分可以得出结论，如今电视仍然是农村观众获取信息的主渠道，信息渠道多样化这一点，农村反映要比城市滞后。

从问卷信息的具体部分可以看出，《黑土地》栏目的知晓率是 100％，一半以上的人能完整收看《黑土地》栏目，目标群体的忠诚度较高。从对版块的认可程度上看，受众更喜欢技术服务类的版块，人们还是渴望通过农业电视栏目学习知识和技能，了解信息。

针对问卷信息，可以看出行业类农业栏目目标群体相同，该目标群体对行业类栏目有一定的追随性。说明在众多频道、众多节目中，农业类栏目具有很大的需求空间，还远远没达到饱和状态。

近 40％的受众喜欢公益性版块《供求信息》，说明为农民服务是一个永不过时的主题，农民受众还希望农业电视栏目能搭建更多这样的供求平台，以解决他们的销售问题。

农业电视栏目的品牌认知度普遍较高，农民希望农业电视栏目开设自己的线下农资购销平台。像城里人在大型超市里完成一次性购物一样，农民也希望有权威、放心的购销平台为他们服务，他们不必花费更多的精力对农资产品的真假优劣进行甄选辨别。

5.《黑土地》栏目三农影响评价

《黑土地大篷车》版块（每周一次）　调查得出，每周六的《黑土地大篷车》版块，是很受农民群众欢迎的版块，因为农民群众在田间地头就能见到权威的专家，现场和专家交流，有问题在家门口就解决了，这种零距离的交流实现了《黑土地大篷车》版块做"离农民最近的朋友"的愿望。这样做节目同样是做农业科普，传授知识，解答疑难问题，通过这种形式简单明了。这种采制

《黑土地大篷车》版块

节目的方式"贴地皮儿、接地气",深受农民的喜爱。

《禾丰养殖前线》（聚拢养殖受众） 传播先进的种植养殖技术和观念是《黑土地》栏目连续多年一直坚持的事情。《禾丰养殖前线》版块已经连续开办了十几年,科学的养殖方式、前沿的养殖信息、先进的养殖观念等,通过这个版块向受众传播。由于每周都有固定的播出时间,每次都有丰富鲜活的内容,这个养殖版块聚拢了大量从事养殖、关注养殖的各界人士,形成了广泛的收视基础。

技术服务促进农业科普推广

《植保 120》（实现病虫害权威预测、发布） 《植保 120》这个版块是《黑土地》栏目与辽宁省植物保护总站联合推出的,权威性毋庸置疑,提前预测、及时发布也给农民的农业生产带来很大帮助。每周两次固定播出,让乡亲们坐在家里了解最新虫情信息,掌握控制病虫害的科学方法。

《植保 120》版块

《专家一点通》（打造栏目品牌权威性）"专家一点通，生产生活更轻松"，这是《黑土地》栏目开设《专家一点通》版块的初衷。权威的专家团队，是《黑土地》栏目的坚强后盾，也是《黑土地》这档农业栏目安身立命的根本。

农民生产生活中的实际问题、遇到的疑难杂症，通过电话、写信、网络等各种方式反映到栏目组，都有专家的悉心解答，权威观点通过电视屏幕传递出去。《黑土地》栏目桥梁与纽带的功效尽显，每一次提问与回答也凝结着栏目组采编人员的热情与真诚。《黑土地》栏目的品牌权威性也在这一点一滴的提问、回答中渐渐树立起来，农业科普也实现了双向流动。

《专家一点通》版块

第二篇 ‹‹‹
改变　选择
美人之美　百家争鸣
（2005—2012年）

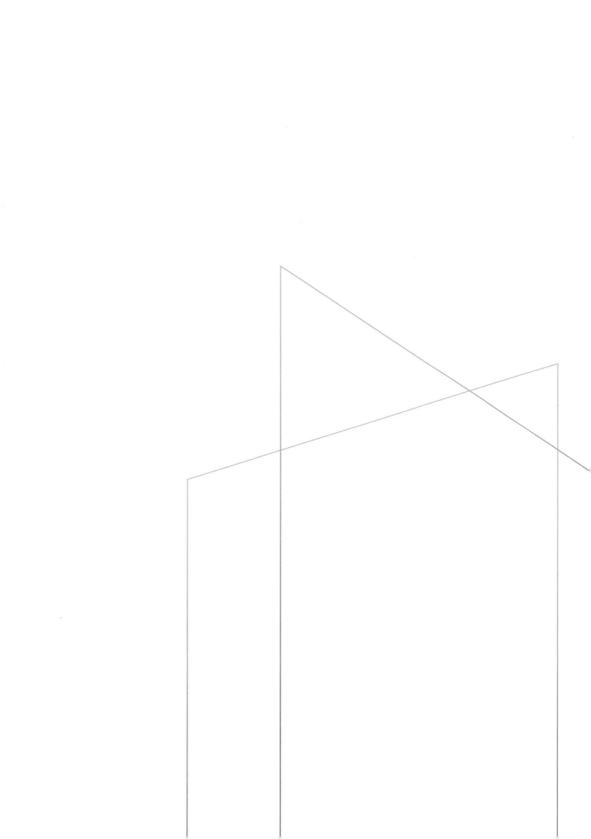

第四章 媒体多元化 互联网时代

2000 年前后是传统媒体人具有极强荣誉感、自豪感的一段时期，三大门户网站还没有全面发展，电视节目当仁不让成为广大受众获取信息的主渠道，电视人的优越感似乎也更多一些。那个时候，传统媒体人不会想到，在未来不足 10 年的光景，报纸、杂志、广播、电视都会受到巨大的冲击。

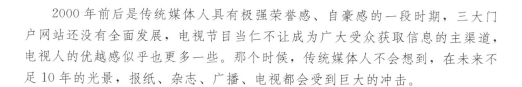

一 门户网站来了 信息通道多了

2005 年，新浪、搜狐、网易三大门户网站展现出强大的广告营收能力。搜狐的主要收入来自品牌广告和搜索引擎业务，新浪的主要收入来自移动增值业务，网易的主要收入更多来自在线游戏业务。互联网进入草根狂欢的年代，QQ 空间也闯入社交网络生活。

2005 年，微信之父张小龙的 Foxmail 邮件客户端被腾讯收购，腾讯的发展战略变成"像水和电一样融入生活当中"。当时，很多媒体人都在质疑腾讯的"在线生活"策略：第一个疑问，"在线生活"究竟是怎样的一个概念？它有边界吗？边界在哪里？第二个疑问，现实生活本身就是个大平台，没有机构可以实现"生活-营销"的全面融会贯通，那么"在线生活"靠什么能做到呢？

一边是活跃躁动的互联网生活，一边是坚如磐石的传统媒体网络，似乎是一种井水不犯河水的各自安好状态。但是今天，回望一下那个时间节点，又想起我们在研究农业科普受众之一的农民行为时分析的图表，才恍然大悟，农业科普与信息的传递方式一样，都是在不断的变化中寻找最好的方式。

农民行为改变规律：农民行为改变受到动力和阻力双重作用的制约。改变农民行为的动力主要有自身需求、市场需求和政策导向三个方面；阻力主要是农民自身和所属文化传统的障碍和农业环境的制约。

在大众传播活动中，农民行为是在动力和阻力的互助模式下发生改变的。

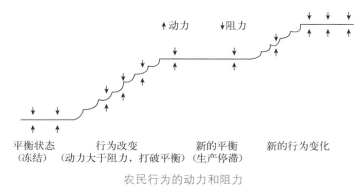

农民行为的动力和阻力

2005 年，一切似乎都在井然有序地进行着。但是，思变的大众传媒已经不断调整自己的思路了，只有变化才能发展。

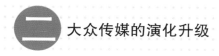

大众传媒的演化升级

农业电视栏目要想生存得更好，首先要让自己变得强大。农业电视栏目数量供小于求的状况，已经给农业电视栏目奠定了强大的基础。接下来，需要农业电视栏目显示它自身强大的功能。

有用和好看是两个条件，农业电视节目必须有用，让观众感到解渴，在这里农民能找到明确的信息、技术和服务；农业电视栏目必须要好看，以城市观众为主要调查对象的收视率指标，依然是衡量栏目好坏、决定栏目生存的"杀手锏"。农业电视栏目做得好看，会吸引更多关注的目光。除了服务特定的群体，在收视率上也能得到一定的保障。

1. 重新确定受众范围

农业电视栏目是做给谁看的？过去，大家给出的答案可能只是"身处三农领域的人"。我们承认，电视分众是一种必然趋势，这也导致传媒向"窄众化""小众化"发展，行业栏目的窄众特质无法改变。但是，统筹城乡经济发展、推进城乡一体化进程等一系列大政方针表明，我国的三农问题正在被前所未有地重视。因此，农业栏目有着更为广阔的受众空间和更加深厚的生存基础。

2. 加强农业电视栏目与受众的互动交流

从一定意义上讲，我们不得不承认广大农民是社会经济环境中的弱势群体，但是在大众传播领域中，农民这个弱势群体却是主流受众。所以，农业栏目必须保证农民的话语权，这是农业媒体的责任，也是每一个农业媒体人心里不变的准则。

农业电视栏目要让农民受众找到归属感，找到回家的感觉。以《黑土地》栏目为例，严格来讲，它的传播还处在信息短缺的状态，有时候广大受众会感到没看够、不解渴，还希望得到更多的信息。

电视越来越趋向于平民化。这也表明，受众与媒体沟通越丰富，媒体才能更好地了解受众需要什么，真正做到有的放矢。这种不断的沟通，充分的互动也会使农业栏目与受众的感情变得更加浓厚，使农业栏目的生存根基更加牢固。

3. 信息与市场科普服务

和互联网上片段式、杂乱式的内容相比，传统媒体的优势胜在连贯和系列化，在网络内容的围追堵截下，传统媒体在农业科普上更加注重内容的深挖和专业的解读。农业电视栏目《黑土地》针对某一个项目、某一个产业而进行系列的、连续的科普宣传也变得更加普遍。

例如，由12期系列节目构成的山野菜专辑，道尽了北方山野菜的前世今生。

 文稿一

乡村话匣子——山野菜的前世今生

记者：刘继岩　　摄像：李宏兴　　时间：3分

受访人：沈阳农业大学园艺学院教授宁伟、沈阳农业大学园艺学院博士赵鑫、消费者

提要：采集天地灵气，吸取日月精华，且看大自然的礼物——山野菜。

说起山野菜，人们的视线常常被引到这山谷密林、人迹罕至的地方。源自深山、来自天然是山野菜独特的标签，它的历史也像中国传统文化一样源远流长。

宁　伟：它在我们国家有记载的历史应该是在5 000年以前，那时野菜叫救荒本草，就是救荒菜，最早记载野菜是在《齐民要术》。薇菜最早记载应该是约2 000年以前。

据说朱元璋的五儿子朱橚是最早对山野菜进行系统研究的，并写下了全面论述山野菜的专著——《救荒本草》。在后来李时珍写的《本草纲目》里，野菜更多的是以药材的身份出现。

赵　鑫：野菜的本质是中草药，它不是蔬菜。要从这个角度来考虑野菜，就非常准确。因为野菜当中含有大量的药用成分，这是普通蔬菜不可比的呢。

从另一个角度来说，野菜也难以晋升为蔬菜。野菜的地域性很强，大多繁衍在深山幽谷、茫茫草原、田埂河边等自然环境中。

宁　伟：野菜的话呢，我们说它只是蔬菜的一个小小的补充。虽然说品种很少、产量很低，但是野菜有它的特殊的功能。比如说它的保健功能，比如它没有污染，没有农药、化肥的污染。另外有很多野菜有特殊的口感，特殊的商品价值。

我国的野菜种类多达300多种，常见的营养成分高的就有近100种。

野菜不仅能丰富餐桌，还是防病治病的良药。

虽说野菜更多的是作为配菜，偶尔改善人们的口味。但是，在人们追求返璞归真的今天，新鲜无污染的野菜还是重新得到了人们的青睐。

消费者1：最起码它是无污染的东西，它是很自然的东西。

消费者2：野菜挺好，吃着味道不错，挺有营养价值的。

消费者3：野菜也总吃，因为野菜没有污染、野生的，我们都愿意吃。

宁　伟：国家卫生健康委员会规定的就有87种既可作药用又可作食用的草本植物，包括木本植物，这里面多数是野菜。比如像蒲公英、马齿苋、荠菜、玉竹等，这些都是药食同源的。

野菜品种：牛蒡

乡村话匣子——唠唠辽宁的山野菜

记者：刘继岩　　摄像：李宏兴　　时间：3分

受访人：沈阳农业大学园艺学院教授宁伟、沈阳市大东副食青菜部经

理徐刚、消费者

提要：美丽的东部山区蕴藏着大量的山野菜资源，咱唠唠辽宁的山野菜。

说起辽宁的野菜资源，咱还是有得天独厚的条件的。像辽宁的东部山区包括本溪、抚顺、清原、宽甸、凤城、岫岩等地区都蕴含着大量的野菜资源。野菜伴随着老百姓走过了无数个春秋。

消费者：小的时候我们记着，好像那种叫车轱辘菜啊，有白浆那样的好像不能吃。学名我不知道，就知道我们小的时候叫车轱辘菜。像荠菜、苦苣那些都能吃。

宁　伟：辽宁的山野菜资源从《植物志》、各地《植物志》上记载的野菜资源应该是有将近两百种。可以采摘、可以食用，现在应该有七八十种。如刺龙芽、大叶芹、蒲公英、马齿苋、荠菜、藿香等，有记载的像我们东部山区有七八十种。

四季分明的北方特色，造就了辽宁野菜的优良品质，丰富多彩的野菜品种也深受人们喜爱，像猫爪子、小根蒜、黄花菜、桔梗、紫花地丁等，都是咱辽宁地道的山野菜。山野菜已经成为东北饮食文化的一部分。

徐　刚：尤其像岁数大一点的，乐意蘸个酱了，或是炒一下。对以前的山野菜，还是有一种认识。过去几十年前，把这种东西叫野菜了嘛，都吃过。这些年反过来拿这种野菜当作一个上品了。

宁　伟：刺龙芽是东北野菜之王。我们沈阳农业大学搞野菜的，把它当作东北的民族野菜，最能代表东北野菜的文化。包括它的食用方法、它的栽培方法，现在的这种刺龙芽我们已经通过选育，选出一种绵刺龙芽。这种绵刺龙芽的推广，10多年来在东部山区已经推广了将近10万亩。

因为有独特的资源优势，辽宁的山野菜发展势头迅猛。作为国家野菜开发与利用的科研基地，沈阳农业大学园艺学院中草药教研室承担着野菜品种选育、驯化的工作。

宁　伟：那么主要是研究它品种的驯化，研究它的人工驯化。以后新品种的选育、规范化栽培，还有研究它的加工技术。那么近30年来的话，这种研究和示范推广有了比较快的进程，那么首先就是东部山区，辽宁东北山区，有将近二三十种野菜的人工驯化品种。

文稿三

黑土地老字号——山野菜下山记

记者：刘继岩　　摄像：李宏兴　　时间：3分

受访人：沈阳农业大学园艺学院博士赵鑫、吉林磐石市保山村农民冯殿清

提要：探寻野味、回归自然，如今的山野菜已经悄然下山。

山上的野菜资源越来越少，山野菜下山已经成为必然。那么，想让山野菜下山，首先要解决什么问题呢？

赵　鑫：在野生的野菜变家种的过程中，一个主要的问题就是咱们讲野味的丧失。这种野味的构成我认为是两方面，一个是它的粗纤维素含量，一个是药用成分含量。在一个野菜变家种以后它的粗纤维素含量明显降低，还有一个它的药用成分也明显降低，这个是十分不利于野菜产业的发展。

消费者们最担心的也是这个问题，就怕转到大棚里种植的野菜营养上、口感上没有山上的野菜好。

赵　鑫：所以野菜从野生变家种的过程当中，包括选用的种子、栽培的方法、采收的时期，它药用成分的含量都需要有相关的标准。这样才能保证野菜的产业健康良性的发展，才能保证野菜的野味。

就拿蒲公英来说，温室里面试种的品种有十几个，都是山上的野生蒲公英。通过人工栽培这种模式，能对比出蒲公英的药效成分、含量标准和口感上的差异。

赵　鑫：因为在温室里面，它谈不到野生的问题。在温室里面我们只能通过控制它的环境、控制它的肥料、控制它的浇水、控制温室的栽培环境来控制野菜的品质。

冯殿清：野菜必然能比家养的菜好管理，野菜比家里养的菜要好养一些。

宁　伟：从人工驯化的角度来说的话，这些野菜都保持它总的特性，那么种子的特性、遗传特性、它的口感、营养成分，基本上都没有变化，

并且它的商品价值还要高于它野生状态的价值。

　　野菜下山给人们带来最明显的变化是，人们在冬天也能吃到鲜嫩可口的山野菜。而且，逐渐枯竭的野菜资源也得到了保护。

　　宁　伟：对，这是一种资源保护，一种生态保护的必然发展趋势，也是社会对野菜的需求。那么随着野菜这种健康的、没有污染的、具有保健作用的这种食品，逐渐被人们所认识。人们对野菜的这种需求也越来越大，它的这种产业化规模也逐步受到各级政府，包括东部山区菜农们足够的认识。

野菜品种：水芹

📽 文稿四

黑土地老字号——南有红香椿　北有刺龙芽

　　记者：刘继岩　　摄像：牟鹏　　时间：3 分
　　受访人：沈阳农业大学园艺学院教授宁伟、抚顺县汤图乡汤图村农民张国忠、抚顺县汤图乡汤图村农民李春梅
　　提要：南有红香椿，北有刺龙芽，看看咱北方原生态的刺龙芽是咋长

出来的吧。

四季更迭的独特环境造就了辽宁野菜的优良品质，在我们省可食用的七八十种野菜里面，最受人们欢迎、最具东北野菜特色的还是刺龙芽。

宁　伟：东北的野菜我们首推还是刺龙芽，它的学名叫辽东楤木。在南方，包括西北地区，著名的野菜那就是红香椿。就是南有红香椿，北有刺龙芽。

野菜品种：刺龙芽

刺龙芽还有"刺老鸦""刺嫩芽""树头菜"等几个别名。在抚顺县汤图乡，有四十几户农民种植刺龙芽。

张国忠：这是纯天然的，一点污染都没有。这个没有根，用什么营养液也没有用，水生出来的芽，水把秆里原有的养分，往外顶，顶出来的。

大棚栽植刺龙芽一捆捆坐在水池子里面，方法并不难。像张国忠选的刺龙芽，每一个都有这样的生长点，有生长点才能生出芽来。它的底下是没有根的。

张国忠：对，它没有根，自身的养分，通过水把它供上了，它不靠吸收，就是秆的自身养分生出来的。

刺龙芽进入水池后一个多月就能陆续采摘。今年是冷冬，采收时间往后推了。张国忠的爱人李春梅正在忙着采收。

李春梅：就是够高的了，该割了可以分出来了，矮的让它继续长。

一般是20厘米左右的刺龙芽最受欢迎，短了就没有产量、没有产值，太高了就没有口感。刺龙芽营养丰富，野味浓郁，被称为"山野菜之王"，只是资源越来越少了。

张国忠：越来越少了，咱们抚顺县政府现在也考虑这事儿，政府投资，白给苗子往山上栽。

张国忠他们只是在秋冬季节栽植刺龙芽，满足人们反季节的需求。开春以后，他们对外供应的就是山上的野生刺龙芽。

张国忠：4月，山上野生的不就下来了嘛，那时候就不需要这个，山上采摘就卖了。

刺龙芽的市场需求一直很旺，张国忠他们栽植出的产品供不应求，他们还成立了专门的野菜合作社。

张国忠：来自深山，咱们刺龙芽全出在咱们大深山里，全是在山上野生的，纯天然的，一点儿污染都没有，所以老百姓非常认可。

文稿五

黑土地老字号——紫秆大叶芹

记者：刘继岩　　摄像：牟鹏　　时间：3分

受访人：抚顺县汤图乡石棚子村农民许强

提要：大叶芹有好几种，咱们看看身价高贵的紫秆大叶芹。

这些野菜大家看了会觉得很熟悉，这不是大叶芹吗？您再仔细瞅瞅，这些大叶芹就是山上纯野生的紫秆大叶芹。

野菜品种：大叶芹

许　强：特点就是秆是紫色的，再一个就是吃它的时候，口感要比青秆的大叶芹稍微好一点儿。这种紫色的，它秆上带紫色，尤其根部，有的根部明显是紫色的。

要说，芹菜有好多种，有咱们常吃的那种青秆大叶芹、水芹菜，还有这种紫秆大叶芹。紫秆大叶芹野味更浓郁些。

许　强：紫秆大叶芹生长稍微慢一点儿，青秆大叶芹比紫秆大叶芹口感能差一点儿，这个紫秆大叶芹味道能更清香一些。

据许强说，产量上两种芹菜相差很多。同样是一亩地，青秆大叶芹能产 2 000 斤，紫秆大叶芹顶多产 500 斤，产量上相差悬殊，商品价值也大不一样。

许　强：对，商品价值这块儿差的也挺悬殊，像一般这个时间段要是紫秆大叶芹上市的话卖到 30 元一斤、青秆大叶芹也就 10 元左右一斤。

许强这一棚紫秆大叶芹，就是在山上采集的种子种到大棚里的。但是，紫秆大叶芹的长势并不理想。

许　强：这个芹菜在小苗的时候，有的地方长得高，有的地方稍微差一点。再一个它休眠之后生长的时候，不同地方相差太多了，咱们现在就是找不出来这个原因，所以说技术方面还有一定的欠缺。

转移到大棚里的紫秆大叶芹，口味上没啥变化，但是产量不理想。这也是让许强头疼的事。

许　强：咱们这边暂时种的就是没有人家的产量高，所以我想去看一看，他们到底是怎么弄的。

辽宁的紫秆大叶芹分布挺广，农户大多是在山坡地上种植，要是冬季转家种能增加产量，再加上他们原生态的种植管理，紫秆大叶芹上市后还会给许强他们带来额外的效益。

文稿六

乡村老念想——山野菜营养不可小看

记者：刘继岩　　摄像：李宏兴　　时间：3分

受访者：沈阳农业大学园艺学院教授宁伟、沈阳农业大学园艺学院博士赵鑫、消费者、超市售货员、吉林省磐石市保山村农民冯殿清

提要：纯天然、无污染是山野菜的标签，除此之外还有别的吗？

带着纯天然、无污染的强有力的标签，野菜在很多卖场闪耀着属于它自己的独特光环。消费者们尤其认可的是野菜的营养价值。

消费者：对对，野菜营养价值比较丰富。营养价值肯定高，因为它是野菜，不是普遍长的，都是山上长的。

消费者（大东副食）：它营养价值高，口味还特别好。

超市售货员：现在人们都追求养生，买的人都挺多。

赵　鑫：山野菜本质上属于中草药的一部分，山野菜里面含有大量的

药用成分，它的保健价值要比普通蔬菜高很多，所以不同的季节要食用不同的野菜来提高它的保健价值。

因为野菜和普通蔬菜最重要的区别就是它含有大量的药用成分，如果野菜要是没有这些药用成分，它就谈不上保健价值。

赵　鑫：以蒲公英为例，药典里面规定蒲公英是以咖啡酸作为质量标准，咖啡酸≥0.2％，才能够用药。另外蒲公英从中医角度来说，性味苦寒，对一些经常上火、胃反酸和一些肝胆类的疾病，蒲公英有很好的治疗效果。相反呢，蒲公英对于一些容易腹泻、腹胀、腹痛的人群来说不适合服用，蒲公英有一定的适合人群和适合区域，这个跟普通蔬菜不同。

山野菜是人们冬春季节的念想。就像每年开春的时候，人们容易上火，也特别愿意吃点带有苦味的山野菜，希望通过吃山野菜来败败火。

赵　鑫：这个野菜我认为它是中草药的一种补充，因为人在有病的时候才去吃中药，在有病之前进行保健的时候不同的季节吃不同的野菜能达到保健的效果，这都是中草药才能起到的作用，而不是一般的蔬菜能起到的作用。

冯殿清：我们有个老师，他身体有点不好，吃点山野菜，感觉身体就好了不少，回家之后用开水烫一下就吃。

不过，山野菜还有一个特点，它蓄积重金属的能力很强，所以，长在路边的山野菜会蓄积汽车尾气中的重金属，反倒抵消了自己的营养。

宁　伟：路边的野菜因为重金属含量比较高，高出普通野菜的重金属含量几十倍或者是几百倍。我们建议路边的野菜不要采、不要吃。

文稿七

乡村老念想——山野菜咋吃才对劲儿

记者：刘继岩　　摄像：李宏兴　　时间：3分

受访人：沈阳农业大学园艺学院教授宁伟、沈阳农业大学园艺学院博士赵鑫提要：美味不可多得，想吃新鲜到家的山野菜，注意事项也不少。

在说山野菜的吃法之前，咱得先确定哪些山野菜能吃，哪些山野菜不能吃。在辽宁，可食用的山野菜有几十种，但是也有一些像狼毒草、苍耳子、曲菜娘子、毒蘑菇等山野菜是万万不能食用的。即使是可食用的山野菜也尽量分季节吃。

赵　鑫：不同的季节呢，实际上它食用的种类也不同，其中以冬季和春季为最多，尤其以春季为最多。因为很多野菜它都是苦味，苦能清热解毒，到了春天的时候人容易上火，吃点带苦味的野菜，能够降火消炎，有保健价值，所以大伙儿一般都在春天的时候食用野菜。

山野菜取食的部分大多是嫩叶，采收期要把握好火候，也就是什么时候吃就有讲究了。

赵　鑫：在山里边长的野菜，要注意它的采收期和食用方法。就以苦龙芽为例，它的采收期必须是春天，刚发出的嫩芽才能够食用。如果它这个植株继续生长发育，超过了嫩芽期，到了成熟期就不能食用了，食用以后对中枢系统就有毒性。所以有一些不常见的山野菜，它的食用期要进行严格的限制。

而且，人们要尽量吃新鲜的山野菜，久放的山野菜营养减少，味道很差，就不适合吃了。即使是存储也要保证山野菜的新鲜度。

宁　伟：多数野菜采后容易纤维化、木质化，所以说我们在储藏的时候要注意，马上进行冷藏。冷藏在 2～5 ℃这样的条件可以储存 2～7 天。

对于多数的野菜，我们在食用的时候要注意它的食用方法，或炒或烫或浸泡，该咋吃就得咋吃。

宁　伟：比如说像薇菜，比如说刺菜，这样的话呢，在食用的时候，因为它含有一些食用碱，含有一些皂苷，容易引起人的不良反应等，所以我们建议像这样的野菜在食用的时候，要首先进行处理，用水焯一下然后再食用。

赵　鑫：现在苦龙芽，咱们沈阳地区没有，那个有低毒。当然那个用开水焯了以后吧，配合小米、鸡蛋酱进行食用，而且一般人们一次性食用的量都不多，这样一来呢它既有口味，又少了毒性。大部分野菜是没有毒的。

像刺龙芽可以炒着吃，香椿也可以炒着吃。大多数野菜可以浸泡后用水焯一下，或者拌馅包饺子，既保持野菜的营养又新鲜美味。

野菜品种：马齿苋　　　　　　　　野菜品种：苣荬菜

文稿八

市场海里捞——山野菜市场潜力大

记者：刘继岩　　摄像：李宏兴　　时间：3 分

受访人：沈阳农业大学园艺学院教授宁伟

提要：从山上到山下，从播种到采收，山野菜市场链条逐渐完善。

野菜虽不像白菜、萝卜这些大宗品种的蔬菜那样，成为人们餐桌上经常食用的菜品，但它在东北的饮食文化中还是占有一席之地。很多野菜品种有着持续的、大量的市场需求。

宁　伟：野菜它的口感好，另外的话，它在野生状态当中自然蕴藏量比较大，出口量也比较大。

从野生资源的采集、加工到销售，野菜的产业链条已经形成。辽宁的很多野菜主产区是结合了野生资源和大棚种植的双重优势，开创自己的野菜产业模式。

宁　伟：我们刚才说了刺龙芽，那么还有石刁柏，还有大叶芹、蒲公英、苦麦菜；还有像东风菜，习惯把它叫大耳毛；还有像藿香，俗名叫把蒿、毛把蒿；还有苦龙芽这些。现在在东部山区已经形成产业化规模，就是从人工驯化、规范化栽培、合理采集、储藏一直到加工，已经形成一个比较完整的一个产业链。

在辽宁东部山区，不少野菜品种的驯化工作在持续进行着，刺龙芽和蒲公英都是野菜品种驯化的好成果，山区的乡亲们已经通过栽植野菜创造了高效益。

宁　伟：首先的话是它在品种选育方面，我们现在有十几个品种，都是正规的野菜的专用品种。那么在示范推广方面，近几年，我们一共推广了将近20万亩地野菜，那么从野菜上山，野菜进入温室大棚，野菜进入陆地的栽培生产这些方面，辽宁在东北甚至在国内已经走在了前面。

很多地方成立野菜合作社，实现野菜净菜上市、持续供应。野菜的安全检测、储藏、加工等环节也在逐步完善。

宁　伟：在野菜加工这一方面，我们将来力求野菜进行多方面加工，比如野菜挂面、野菜菜泥、野菜的饺子、野菜茶等，继续推进野菜产业化。

野菜品种：荠菜

文稿九

黑土地老字号——刺龙芽得过几道关？

记者：刘继岩　　摄像：牟鹏　　时间：3分
受访人：抚顺县汤图乡汤图村农民张国忠
提要：刺龙芽号称东北山野菜之王，但是想栽好它可没那么容易。
演播室资料：抚顺县清原山区有个农户，一门心思想靠刺龙芽发家，但是技术不过关，二十几万的投资打水漂了。

要想栽植好刺龙芽得过几道关卡。过去了就是成功加上高收益，过不去就是血本无归。不夸张地说，想栽好刺龙芽得拿出过五关斩六将的气势来。这第一道关卡就是坐池子。

张国忠：咱们放这两块砖，这两块砖这么高，铺上塑料布以后再加上水，这都是一捆一捆的加上水，把这一捆都加在里头。

塑料布里面水的高度在10厘米左右，也就是说这水得没过刺龙芽的根部。坐池子灌水这个关卡还不麻烦，让人头疼的是第二道关卡——温湿度。

张国忠：晚间不低于−5 ℃，白天不能超过25 ℃。白天有的时候达到30 ℃呢，那就不行了，刺龙芽就开始烂了，必须控制在那个温度。

温度不能太高，但湿度必须得大。大到什么程度呢？据张国忠的反复试验，湿度得在85％～90％。

张国忠：必须得湿度大，不大不行，要不在屋里头做试验做不了，屋里干，就长不出来吗？它也出，就是干巴的，长不大，长不高就缩回去了。

湿度高也不意味着像桑拿房一样，适时通风也很必要，不然的话，刺龙芽也容易烂。烂了就无药可治，只有扔掉。到现在，已经说两个关卡了，一关比一关难度大，这第三关就更得让人格外小心，就是栽植时间的问题。

张国忠：10月往后，下完霜以后再栽，不下霜它就不能度过这休眠期，芽生不出来。

就是说从山上割下来的刺龙芽得过了休眠期才能往温室里栽。着急不行，心急吃不了热豆腐。最后一关也是最关键的一个环节，选择刺龙芽的秆，得选这样有生长点的。

张国忠：光要这个尖，它才能出那种现象，在选的时候也是有讲究的啊，这都必须有生长点，没有就长不出来。

带生长点的秆才能生出刺龙芽来，这个是必需的。上面说的这几个注意事项，乡亲们都注意了并处理好了，闯过这几关，刺龙芽的栽植才能成功。

文稿十

乡村老念想——田间野菜香

记者：刘继岩　　摄像：李宏兴　　时间：3分
受访人：沈阳农业大学园艺学院张建、沈阳农业大学园艺学院邢艳萍、沈阳农业大学园艺学院郑义
提要：野菜既是佳蔬，又是良药，吃野菜渐成时尚。

过去，人们吃野菜是为了度荒，现在吃野菜则是为了尝新。野菜那淡淡的苦涩与清香，让吃腻了大鱼大肉的人们找到了餐桌上的新宠。

张　建：这种野菜就叫藿香，咱们东北俗称叫土藿香，这个野菜它营养价值非常丰富。像夏天咱们食用这个东西，非常非常好，具有解暑的功效。像咱们肠胃不好，有时候呕吐的时候，这个有一些止呕的功效，像孕妇胎动频繁可以多吃点藿香。

藿香的食用方法非常多，在吉林省有一道名菜，叫庆岭活鱼。这里面必不可少的一个佐料就是藿香。

野菜品种：藿香

张　　建：这个柔嫩的嫩叶，闻起来有股淡淡的清香味，跟咱们牙膏那个味道是一样的，有种清香的感觉。然后这个生着也可以吃，细细品，有一种特别清新的感觉。

说完藿香，咱再来看看老百姓俗称的救心菜。

邢艳萍：它的学名是景天三七，我们平时吃它的时候就是吃它的嫩叶，还有嫩茎。它有很多种吃法，可以根据自己的喜好，可以炒着吃、炖着吃或者是作火锅的配菜。它的有效成分可以保护我们的心脏，同时还能降血脂、降血压，来保护我们的心脑血管，此外它还能够提高人体的免疫力，强身健体，保护我们的神经系统。

景天三七极耐严寒，一次定植，可连续收获 20 年新鲜的茎叶，就像韭菜一样随割随长，经济效益十分可观。像这样经济价值比较高的山野菜还有大叶芹。

郑　义：这个含膳食纤维比较多，能够增加肠胃的蠕动，可以帮助我们消化。叶片可以做些咸菜，涮火锅之类的，梗可以做些炒菜。风味还不一样，将来投入到市场以后，可以分开来卖。这样的话可以增加它的经济价值，分开储藏、分开加工，对作物的价值可以最大化。

还有这种就是咱们比较常见的苋菜了。

陈倩倩：具有很多功效，它主要含有多种维生素，含钙都比较丰富。像缺钙症，可以吃它。还含有一些铁，具有补血的功效。

这个菜闻起来虽然没有什么味道，但是东北人都爱吃涮火锅，涮火锅的时候就特别鲜亮，就像吃海鲜似的，有一种提鲜的功效。

看来小小野菜，真是各有千秋。在这个炎热的夏季，吃上一道清香爽口的野菜佳肴，的确是不错的选择。

🎥 文稿十一

乡村老念想——蒲公英：平凡的野菜　不平凡的营养

记者：刘继岩　　　摄像：李宏兴　　　时间：3 分

受访人：沈阳农业大学大学园艺学院张建、沈阳农业大学园艺学院邢艳萍、沈阳农业大学园艺学院陈倩倩

提要：蒲公英是咱们比较常见的一种野菜，如今它也搭上了贵族的标签，给乡亲们的致富带来一臂之力。

"一个小球毛蓬松，又像棉絮又像绒。对它轻轻吹口气，飞出许多小伞兵。"还记得儿时这首脍炙人口的儿歌吗？每年的 3—8 月，正是蒲公英花开的时节。

张　建：咱们东北地区蒲公英主要有 17 种，目前这个资源圃收集的大概有 14 种，比如说目前咱们所研究的主要是东北蒲公英。这些主要是在本溪收集过来的，还有一些像亚洲蒲公英、朝鲜蒲公英、丹东蒲公英，还

有斑叶蒲公英，在咱们沈阳地区都有分布。

咱们经常在路边就可以看到蒲公英。大多数蒲公英性凉、微苦，而且营养价值非常高。

邢艳萍：它主要是有清热解毒的功效，有消炎作用，对扁桃体炎、咽炎都有一些作用，此外它在我国古方记载是治疗乳痈的药，就是能够治疗乳腺炎。它还有一些保肝利胆、抗菌消炎的作用，长期使用还能有效改善便秘。

蒲公英的营养含量通常要比普通蔬菜高出1～2倍。"医食同源"也是它得天独厚的优势。

陈倩倩：这个就是蒲公英的种子，其实在学术研究上一般都叫瘦果。可以看一下，这是一个果絮，上面有几百几千粒种子。一个果絮可以拿着看一下，然后这个种子，它这个上面是冠毛，下面是种子，中间有喙，还有这个可能看不太清楚，太小了，在显微镜底下可以观察得很清楚。

每一种蒲公英种子的寿命是不一样的，因此，乡亲们在保存的时候要格外注意。

陈倩倩：咱们一般的就是如果年年播种、年年采收的话，都是在室内进行自然储藏，也就是常温下的储藏。

它的种子寿命也就是最普通的，像这个丹东的种子吧，它也就是保存一年之后就不行了，萌发力或者是活力指数方面都比较低。像温室里面的蒲公英，那些种子的寿命基本上可以保持到两年左右，但是超过三年它也需要重新采种。

如今，蒲公英也挂上了贵族的标签，给乡亲们的致富带来一臂之力。

张　建：现在蒲公英市场需求是越来越大了，除了咱们以前了解的内容，现在随着科学技术的进步，发现这种蒲公英还具有抗肿瘤等一些新的功效，还可以用在化妆品上，所以说它的应用范围是越来越广了，所以它的需求量也是越来越大的。

邢艳萍：尤其像现在这个季节，这个蒲公英开花季节都已经过了，开花季节过了，口感可能稍差一点。这个时候如果能够上市一些像春天刚长出那种、口感好的蒲公英，在市场上应该是挺走俏的。

野菜品种：蒲公英

文稿十二

专家一点通——吃山野菜得注重方法吗？

记者：刘继岩　　摄像：李宏兴　　时间：1分

受访人：沈阳农业大学园艺学院教授宁伟

宁　伟：多数的野菜啊，我们说在食用的同时我们要注意它的食用方法。首先有一些野菜是有低毒的，比如薇菜、小蓟、刺菜，因为它们含有一些食用碱、皂苷，在食用的时候容易引起人的过敏反应，所以我们建议像这样的野菜在食用的时候，要先用水焯一下后再食用。

温热寒凉，有一些野菜如果寒凉的话呢，对一些体质比较弱的，胃寒、脾寒的人，它是不适宜进行食用的。

野菜系列节目播出后，在科研人员群体和受众群体都得到了热烈的反馈，连续剧式的大篇幅推出，把农业科普的要点一次讲清楚、讲透彻。结论也很一致：野菜是大自然送给我们的礼物，在深山幽谷、田埂河边等自然环境中，生命力强，风味独特，营养丰富，无污染，是集绿色、营养、保健于一身的优质食品。引发的思考也明晰：野菜资源与环境保护；野菜品种日趋减少；小规模采集才能维持生态平衡；野菜开发利用需要进入良性循环状态；野菜市场潜力大，开发要与人工栽培相结合；完全靠春季上山采摘保证不了供应量；野菜"下山"大田种植或棚菜种植需要掌握一定的技术要领；野菜种植保证质量才有前景；野菜种植原则是发展地道品种，需要适地适种。

4. 从形式到内容不断调整、更新

（1）甜瓜招商会解决卖瓜难问题

如果说，新闻策划起到了发现新闻事实，挖掘新闻价值，"制造"新闻"亮点"，"推动"新闻事件发生的重要作用。那么，阜蒙县·辽宁卫视《黑土地》优质农产品招商会就是《黑土地》栏目成功策划的一个新闻事件，并且收到了良好的社会效益与经济效益。

2008 年 4 月 23 日，阜蒙县种植香瓜面积已经近万亩，如果不及时想办法，香瓜很有可能卖不出去，甚至烂在地里。《黑土地》栏目组得知这一情况后，经过短短几天的筹备，多方面联络辽宁省农村经济委员会和辽宁省工商局的相关部门，组织几百名经纪人和沈阳市部分大型超市的采购代表参加，成功举办了阜蒙县·辽宁卫视《黑土地》优质农产品招商会的活动。节目播出后反响巨大，阜蒙县的香瓜由滞销变为脱销，为阜蒙县的瓜农们解决了燃眉之急。

优质甜瓜受消费者欢迎

农民与经纪人面对面

阜蒙县·辽宁卫视《黑土地》优质农产品招商会成功举办

  在阜蒙县·辽宁卫视《黑土地》优质农产品招商会活动中，栏目组通过阜蒙县刘江义副县长亲自卖瓜这一看点来为活动造势，通过"县长卖瓜，自卖自夸"这一话题，制造活动热点，引发现场互动，达到了推介产品的最佳效果。

  在策划过程中，系列报道持续跟踪进行。从招商会的前期宣传准备工作，到 4 月 30 日招商会的如期举行，5 月 2 日《瓜好，大家来吃喝》《县长卖瓜　自卖自夸》《阜新香瓜真甜》《市场信息渠道拓宽了》4 个节目的及时播出，5 月 7 日的播出的回访专题《瓜好大家来吃喝以后》。甚至在招商会举办一年之后，仍然推出了名为《瓜好大家来吃喝一年以后》这样的一个专题跟踪报道。

《黑土地》栏目组在策划这一新闻事件中，想农民之所想，急农民之所急，才能在短短几天的筹备时间内成功举办这次招商会，为瓜农们解了忧、增了收；也正是因为《黑土地》人真真切切、实实在在地为农民服务，才让广大农民朋友们更加喜爱《黑土地》栏目，从而使《黑土地》栏目的美誉度与知名度节节攀升。

（2）"情暖农家，送岗下乡"活动高效务实

"情暖农家，送岗下乡"活动是《黑土地》栏目联手辽宁省总工会共同发起的。本活动在劳动力转移进程加快的背景下推出，旨在缓解农村剩余劳动力过剩现象，恰当的时候把农民需要的岗位和技能送到农民的家门口。

2009 年，8 场活动陆续在海城、铁岭、抚顺、朝阳、沈阳等地举行，引起社会强烈反响。人们说，"情暖农家，送岗下乡"活动就是一把找到工作的金钥匙，这是一份爱心与希望的钥匙，打开农民工的心头锁，帮助农民找到满意的工作。

特别是 2009 年 8 月，罕见的旱灾使朝阳大部分地区的农作物受到影响，减产和绝收已成定势。《黑土地》栏目及时作出反应启动抗旱应急报道方案，全面报道旱情发展和旱区百姓生活状况。除此之外，改变"情暖农家，送岗下乡"活动原有的顺序，在 9 月 15 日，赶赴建平县黑水镇开展活动。活动现场，近百家企业提供了 2 000 余个就业岗位，3 000 余名农民工到场求职，达成就业意向 1 005 人。辽宁省总工会就业中心带去的多项普惠制免费培训项目，受到农民工的欢迎，500 余名农民工进行了咨询，有 100 余名农民工现场报名。

活动中，为提高农民工的维权意识和水平，《黑土地》栏目还特别增加了进城指南特别活动，通过专家讲解、有奖问答等形式，就农民工外出务工时如何签订劳动合同、产生劳动纠纷如何处理、提高劳动工作安全意识、如何进行岗前培训等有关问题进行了互动交流，现场农民热烈参与，反响强烈。

《黑土地》栏目倾情推出的系列活动，及时有效地给农民送去服务、送去信息、送去直面困难的力量，这种服务和力量影响着广大农民，也进一步提升了《黑土地》栏目自身的价值。

（3）《黑土地》三农论坛活动影响广泛

栏目活动化、活动常态化，是《黑土地》栏目作出的有效尝试。从节目的服务功能里延展出来发展到活动的不断跟进，这是一个不断调整、不断升级、一脉相承的过程。

《黑土地》三农论坛活动正是在这种尝试中产生的。在 2009 年备耕生产的关键时期，《黑土地》栏目在辽宁农业展览馆推出"三农论坛　春耕生产篇"，邀请到水稻、玉米、植保等方面的权威专家，也邀请到政府部门及涉农行业相关人士，向现场的几万名观众传递惠农政策、讲解补贴方式方法、推介科学的栽培模式。来自沈阳农业大学、辽宁省农业科学院的权威专家还在现场与农民互动交流，倡导科学的备耕生产观念，针对当前农业生产热点问题做权威解读，并解答农民生产生活中的疑惑，给乡亲们送去了实实在在的服务。

2009 年的《黑土地》三农论坛活动以一个月一次的高频次有序推出，活动地点遍布辽宁省东西南北各个地区，"三农论坛大豆、花生、杂粮篇"在阜新举行，"三农论坛药材篇"在岫岩召开，"三农论坛植保篇"在丹东凤城热闹进行，"三农论坛水稻篇"在辽宁省的水稻主产区盘山县举办。

每一次活动顺利结束后，相关系列专题就在《黑土地》栏目中连续报道，把活动传递和核心与精髓通过大众传播平台及时传递出去。这种线下活动与线上节目的结合，形成了强大的宣传攻势，《黑土地》栏目的影响力得到更大的提升。

把电视栏目当作品牌，进行推介、推广的尝试，也在一次次的大型活动中潜移默化地进行着。

《黑土地》三农论坛深受农民欢迎

5. 以惠农政落实 带动农业科普

惠农政策的科普是大众传媒重中之重的工作，好的政策需要广而告之，需要普及大众，也需要有信息的搜集和反馈。在关于林权改革、天然林禁伐等林业政策陆续出台的当口，《黑土地》栏目密集推出相关专题，深入浅出，举例说明，让国家的惠农政策进一步深入人心。

以辽宁省政府出台的青山工程相关政策科普推广为例，系列专题让林区的农民看得懂、学得会、用得上。

文稿一

青山工程 农户受益

记者：刘继岩 摄像：李宏兴 时间：3分

受访人：锦州市义县张家堡乡副乡长巩凤龙、锦州市义县张家堡乡报恩寺村村委会主任赵宏忠、锦州市义县张家堡乡报恩寺村农民田玉榕

提要：退耕还林、荒地造林的青山工程能让咱农户有啥收益呢？

过去人们常常形容山区的林农是守着金山没饭吃。现在，这个观点在锦州市义县张家堡乡报恩寺村是彻底过时了，因为啥？这个村子里的老百姓是守着金山过上了富裕日子，还能享受国家政策补贴呢！

田玉榕：补贴，一亩地给 155 元，到时候就给发。乡里头准时把这钱打到信用社的银行，我们上那儿去取。

补贴年年得，前提是咱老百姓按照国家政策进行坡耕地还林和"四荒地"造林，像报恩寺村乡亲们在山上发展的是经济林——果树，不但能得补贴，果树还一年比一年多出钱。

田玉榕：我家是六亩地果园，两口人，人均 300 株，有 200 株都挂果。一亩地达到一万三四的收入。

赵宏忠：通过这个退耕，人们思想有认识了，一个是得到了钱，另外呢，把树养大，得到了个双重效益。

国家给着，自己得着，用老话儿说就是何乐而不为呢！在报恩寺村，坡耕地能退耕的都退耕了，大道理上是响应国家号召，实际也是，这山上还真就适合种果树。

巩凤龙：咱这个地理条件，全部是坡耕地、山地，再有一个就是咱这个经纬度，咱和辽南的苹果和沈阳东边、东北的苹果，吃着都不一样。就咱这个苹果辽南很多专家吃咱这个苹果就认为咱这苹果最可口，甜酸都非常适度。

现在不是有"营林"这个说法吗，就是教大伙儿怎么在山坡做文章、出效益。而且种果树和发展生态林都起到保护生态环境的作用。

赵宏忠：作用是一样的，但是它效益差距是非常大的，像一般刺槐了，这个效益不大，就是几年也得不到效益。赶着个经济林，一般的寒富苹果，三四年就见效。

田玉榕：借退耕还林这个机会，确实我们村，拿我们家来说果树真是发展起来了。其他农户那就更不用说了，我们年龄大了，没有年轻人发展那么好，哪一家人均都四五百株以上，都栽树。

巩凤龙：你瞧瞧咱村，果树 30 万株。这北山，你看咱这松树，栽成行的，那都是今年新栽的人造林。这又栽了一千多亩地，说这个呢在等几年以后山上绿化程度加上田间呢，现在咱森林覆盖率达到 79%，在辽西来讲咱们是比较不错的。

报恩寺村原来就是个穷山沟，村里的乡亲们一直也不怎么喜欢。现在可不一样了，一天两三趟地往山上跑，天天和果树打交道，各个也都磨炼成了行家里手。

田玉榕：就唠果树的嗑，就说栽多少树啊，收入多少钱呢，相当羡慕我们村，我也自豪。而且到我们这学习经验的，咋来的都有。坐车来的、骑三轮车来的、骑摩托来的，向我们学习，我们感到挺自豪。

 文稿二

梯田给咱帮了忙

记者：刘继岩　　摄像：李宏兴　　时间：3 分

受访人：锦州市义县张家堡乡党委书记张久祥、副乡长巩凤龙，锦州市义县张家堡乡报恩寺村村委会主任赵宏忠、村民田玉榕

提要：在灌溉条件不允许的山坡上咋保证果树成活？看看乡亲们用的是啥招？

要说起在荒山上栽果树有多难，义县张家堡乡的老人儿都清楚，没有啥特别的招，果树是真不长啊！

田玉榕：那时候栽完树以后，把树都给冲倒了，冲倒了还得花很多功夫去埋。有时候吧，土都冲走了，树它也不长啊。

巩凤龙：那果树没有梯田，树长势就不好，造成水土流失，地力就减退了。

后来，大家想出的招就是修梯田，不管咋苦咋累，想让树成活、让山绿起来，这梯田是万万不能少的。

巩凤龙：必须干，现在这村子六千多亩地，全部梯田化了。就是下一般小点雨，一点水都不往外走，不流，没有流出去的。就是现在下了不到 100 毫米的雨，这外面都不流水的，所以今年下这么大雨，外面沟仍然出不去水，都渗到地里去了，这效果非常好。

　　乡亲们说，现在看不出来梯田的全貌，冬天树叶落了以后，从远处看就能看出梯田的美来，报恩寺村种果树的家家都到山上修梯田。

　　田玉榕：咱是利用早上的时间，早上干活凉快。这时候五点钟就可以下地了，拿铁锹把这个土啥的都往上培，把果树梯田修上。有时中午都不回家，在这赶活。农闲的时候，利用空闲修梯田。

　　现在，乡亲们修梯田还达不到机械化，就是一锹一镐地干，累并且快乐着。

　　田玉榕：农民是这种心理，苹果只要卖出钱了，干活的时候心里就甜，不觉得累。天天一早干活，一想到秋后有收入了，盼这树长大了，这效益也就多了，干活也不觉得累。

　　因为家家修梯田，这几年，也没有啥山洪暴发的情况发生，水都留在了山上。

　　赵宏忠：所以这样的话，山上下大雨，水跑不下来了，一般都淌到树坑里头，保护了生态环境，避免了水土流失。

　　巩凤龙：它这属于科学。养树要没有平台，没有梯田，不修出这"树鞍子"来存水存肥，那这树就长势不好，效益就低多了。

　　张久祥：过去老百姓认为修梯田挨累、修水利工程费劲，有些这样那样的不同的反响。但是经过这十几年的实践，老百姓认为梯田也修对了，栽树也栽对了，栽果也栽富了，效果非常好。

青山工程　农民受益

文稿三

围栏围出片片青山

记者：刘继岩　　摄像：李宏兴　　时间：3分

受访人：凌海市林业局副局长李德全、凌海市白台乡兴隆峪村农民刘静飞

提要：大家听过"封山育林"的说法吧，凌海市的乡亲们用围栏实现了"封山育林"的做法。

现在乡亲们收拾的就叫围栏。围栏可不是个小工程，一般山有多大，围栏就围多大。

李德全：根据这个山，有的时候是这一个山脉、一个山沟里头，根据地形来的，能够围里头的，咱们全都围里头。

像兴隆峪村的这片围栏足有10 000多延米。而且，围栏不是围上就完事了，日常的维护和巡查也是必不可少的。

刘静飞：头些日子下完雨以后，我们用专人修了10 000多延米呢，整个都走一下、看一下。哪儿坏了、冲了，还有这个人为的哪儿有点啥漏洞，及时都得给补修上。

看这一锤一锤的功夫劲儿，丝毫也不马虎。围栏栏杆之间的距离和铁丝网的拉线方法都是有标准的。

李德全：围栏它这个标准，两个栏杆之间是3米长，3米一个杆也就是，整个从上到下是5条线，斜拉两条线一共是7条线。

围栏用的铁丝网和水泥柱都是靠人工一段一段固定在山脚下的，绝对是个费工费力的活儿。

刘静飞：辛苦是辛苦，但是它起的作用大，整个山上围得放牧的或者是闲人啊都不能进来。

李德全：围上之后减少人为和牲畜的破坏，把这个封闭起来之后，放牧的都进不来了，有利于整个境内之后恢复生态系统多样性，整个植被的恢复。

整个凌海市的围栏工程是从 2009 年开始的，有 17 万亩的山林有了围栏，围栏的长度达到 20 多万米。实施工程围栏的村子也会得到国家政策的支持。

李德全：根据咱国家工程要求，每延米给 35 元，经过咱们按照工程这个测量，一次给你兑现这个补助费。

乡亲们说，其实围栏也是山上的一个景观，尤其是到了冬季，有围栏的山就很壮观。

刘静飞：因为现在植被高，有的地方都盖上了，到冬天这些植物都枯黄了以后，它就显现出来了。

和植树造林比起来，封山育林似乎来得慢一点。但是有了围栏，慢慢地就围出了片片青山。

封山育林见成效

文稿四

张家堡乡五项工资制

记者：刘继岩　　摄像：李宏兴　　时间：3分

受访人：锦州市义县张家堡乡党委书记张久祥、锦州市义县张家堡乡报恩寺村党支部书记巩凤林、锦州市义县张家堡乡报恩寺村农民田玉榕

提要：义县张家堡乡对各个村推行了五项工资制，这是咋回事呢？

锦州市义县的张家堡乡针对各个村推出了五项工资制，而且，乡里面毫不含糊，坚决执行。要说这五项工资制有啥特别的地方，那就是都和栽树有关。

张久祥：栽树超过 50 000 棵，每棵树奖励工资两毛，栽树 10 000～50 000 棵，每棵树奖励 1 毛，你不栽就不挣。

用张书记的话说就是多干多挣，少干少挣，不干不挣。哪个村干部能挣多少钱都和自己下的功夫相关。

张久祥：我们五岳村最多栽到 80 000 棵，就是 16 000 块钱。

巩凤林是报恩寺村的党支部书记，为了鼓励大伙儿退坡耕地还林、荒山造林，他自己带头在山上种果树。

巩凤林：就包括我自己，我在这个村住吧，我现在有 3 500 棵果树。

田玉榕：老百姓也有这种意识，因为栽树吧，咱乡镇领导也经常上这村来，发动我们栽树，讲栽树的意义。我们都响应号召，自己也真得到效益了。

五项工资制的最终目的是让村民发展经济林创造效益，像报恩寺村今年又还林 800 亩，村干部的奖金跟着水涨船高，越来越多的乡亲们也接受退耕还林，自觉自动地参与其中。

巩凤林：现在政府每年得办 20 次培训班，组织参观学习办班，咱百姓非常积极，一听说办班，"呼"一下子咱就去 200 人，起码一户去一个人。

田玉榕：农民是这种心理，苹果卖出钱了，干的时候心里也甜，不觉得累。天天早早干活，一想到秋后有收入了，一年年盼这树长大了，这效益也就多了，干活也不觉得累。

张家堡乡的荒山就这样一点点变绿了，水也变清了，谁能想象得到这里过去是步步踩石头、一天一身土的穷山沟呢！

张久祥：一进张家堡，身上二两土；上午要不够，下午给你补。啥原因呢？就是那里风沙大，山上没有树，河里没有水，只有干涸和荒山，所以它风沙大。现在到大凌河，我们大凌河边上那就和城里一样，非常好。

山绿了，是大家伙的功劳，生态环境改善的回报也在潜移默化中给了勤劳的乡亲们。

张久祥：我们全乡 100 岁以上 8 个人、90 岁以上的 270 多人，这里可以称为长寿之乡。就是因为山绿了、水也好了，所有污染工程一律不搞了，就是栽树、栽果。

文稿五

坡耕地还林有补贴

记者：刘继岩　　摄像：黄向学　　时间：3 分

受访人：辽宁省林业厅厅长曹元、凌海市白台子乡荒地村村委会主任付大伟

提要：25°以上的坡耕地得还林了，林农在还林的过程中还能不能享受到国家的补贴呢？

最近林农们谈论比较多的就是退出小开荒，退坡耕地还林的话题。有些林农有一个误区，是不是这些小开荒、坡耕地是国家征占了，会得到补偿啥的。

曹　元：现在退坡还林这块，依法来进行退耕还林。因为这个法就是《水土保持法》，《水土保持法》第二十条就明确规定禁止在 25°以上的坡地开垦种植农作物，这已经有明确的规定，那么这叫依法来退耕还林。

林业部门的想法就是引导农民发展经济林，增加林农的收入。在发展经济林的过程中，政府会给林农适当的补助。

坡耕地还林有补贴

曹　元：省政府现在就是比照国家现行的退耕还林的政策要进行补助，具体点说就是苗木补助，每亩地给 100 元。那么从第二年开始每亩地的补偿是 160 元，连续补助 5 年，也就是每亩地省政府要拿出 900 元。

按照全省大账上算，300 万亩的坡耕地，国家要拿出 27 亿元来补助百姓。省林业主管部门还建议地方政府也要结合实际情况再适当提高补助标准，支持林农发展经济林生产。

曹　元：退坡地还林，我们完全可以结合各地的实际特点，去发展林果业，去改善农业的种植结构来致富百姓。就既要恢复生态，也要老百姓从改善种植业结构这样一个角度来发展经济林，增加收入，同时还要发展林业产业。

以凌海市白台子乡为例，他们是把坡耕地还林后，集体发展果树产业，统一经营。

付大伟：把山上所有的小开荒都收回来了，收回来之后就准备栽苹果树和梨树、枣树。通过村民代表大会，还有党员大会，老百姓也非常拥护这事，一共收回大约是 961 亩地，都整完了，坑都挖完了，老百姓现在也非常认可。

据付大伟讲，坡耕地栽上果树之后，虽说四五年后才能见到效益，但是国家给的补贴头一年每亩给 100 元苗木钱，以后连续五年每年每亩给补 160 元，有这个支撑，咱林农也就没啥后顾之忧了。补贴结束后，果树也见效益了，一亩地挣个万八千的都不成问题。

文稿六

幸福指标　林木绿化率

记者：刘继岩　　摄像：黄向学　　时间：3 分

受访人：辽宁省林业厅厅长曹元、凌海市白台子乡兴隆峪村农民刘维祥

提要：大伙儿都知道森林覆盖率，现在又有新提法叫林木绿化率，它们有啥不一样的地方呢？

现在很多人觉得提高森林覆盖率、植树造林只是和山区的老百姓息息相关，住在城市或平原地区就鞭长莫及了。其实，现在有一个新提法叫林木绿化率，这个林木绿化率和大伙儿就关系密切了。

曹　元：林木绿化率呢，它就突破了林地的范围，只要在辽宁省的版图上，郁闭度能够达到在 20% 以上的就算覆盖。

相对于森林覆盖率这个提法，林木的绿化率对老百姓而言更现实、更有意义。森林覆盖率测算的是林地、山区的指标。林木绿化率空间很大，可以说和每个人都相关联。

曹　元：大家完全可以在身边增绿，像村旁、河旁、路旁，大量植树造林，这样能够增加林木的绿化率。说白了就是能够让老百姓在林中生活，这叫城在林中、人在树中。

有了这个概念，造林绿化不仅仅围绕森林覆盖率，还渗透到百姓的身边。无论大家在城市还是在乡村，每个人都能为提高林木绿化率作出贡献。

曹　元：应该说这几年呢，辽宁的这两率变化非常大。大家知道我们新中国成立初期啊，辽宁的森林覆盖率只有12.9%，到2010年末我们森林覆盖率达到了40.23%，城市绿化覆盖率更是高达45.86%。到"十二五"的末期，我们的森林覆盖率要超过42%，城市绿化覆盖率要超过48%，让老百姓更多感受到树就在我们身边。

可以说，城市绿化覆盖率是一个看得见、摸得着的幸福指标。城市绿化覆盖率高的地方，像凌海市白台子乡兴隆峪村，人们生活在树的海洋中，过着清新、舒适的生活。

刘维祥：现在在这个地方是水清了、山绿了，小动物越来越多了，对营造一个蓝天碧水的环境，确实起到了一个很好的作用。

城市绿化覆盖率逐年提高

三 整合媒体资源 实现跨媒体合作

1. 广播、电视、报刊互动联合

联合会让不同媒体的力量变得更强大。连续四届的辽宁省农业媒体联盟优质农资产品展示会体现了一种联合与合作。因为这个一年一度的盛会是由《黑土地》栏目、《辽宁日报》、盛世金农网等多家媒体共同举办的。

这种合作一方面是同一单位不同部门的合作，还有不同媒体之间的横向联合。2009 年农业媒体优质农资产品展示会首次亮相，准备时间仅仅半月有余，多家媒体齐上阵，联络参展商、确定展会地点、制订相关参展要求，各部门与单位抽出精干力量运作展会，分工明确，办事高效。为了达到广泛告知的宣传效果，各个媒体发挥自己的优势，在自己的平台上滚动推介展会，达到了"轰炸式"的宣传效果。2009 年 3 月 21 日，展会当天，现场齐聚了足足 10 万参观者，场面宏大得令媒体人自己也始料不及。自此，跨媒体联合的强大效果尽显。

如今，历经四届累计几十万农民参加的农业媒体优质农资产品展示会，已经逐渐成为政府和涉农人士心中的品牌展会。

农业媒体展会 现场火爆

2. 网络平台及时推介

随着网络媒体的异军突起，电视媒体的优势资源被瓜分，过去那种唯我独尊的境地不复存在。农业电视栏目在这种多媒体环境中单兵作战会显得势单力孤，农业电视栏目壮大自己的多维度专属阵地是一种趋势。目前，大部分农业电视栏目建立了自己的网站。

以《北方新农村》栏目为例，专属的网站拓展了电视播出平台的局限性，每天播出的节目以最快的速度传到网上，拓展了栏目的宣传空间。

栏目专属网站的开通，也促进了栏目组与受众的沟通交流，使栏目的互动性大大增强。从另一角度看，电视栏目的网络呈现，变相实现了电视栏目点对点的播出效果。

3. 与新媒体合作互推

合作经营远胜于单兵作战，同类媒体间存在着竞争，但更多的是共同促进与发展。放下身段与新媒体合作，不失为好的方法。

以《北方新农村》栏目为例，可以在同类农业网站上开辟自己的窗口，设置独立的宣传平台；可以和手机媒体合作，每天通过手机报推出自己的节目预告和近期的宣传规划。

农业电视栏目把自己融入电视业务的大潮中，让人们在"三屏"（电视屏幕、电脑屏幕、手机屏幕）上找到自己的身影，是一种喜人的现象。农业电视栏目的生存空间也会在丰富多彩的传播媒介上绽放自己的风采。

（1）农业电视栏目产业化探索

媒体的政治属性一直被放到第一位，产业性质长期被忽略。但是传媒产业自身的发展需求和传媒环境的市场化，决定了电视栏目产业化运行成为必由之路。

（2）扩大农业电视栏目外延

一般情况下，农业电视栏目的外延是屏幕上展示部分之外的内容。农业电视栏目的外延涵盖了很多方面，可以是一次线下的活动，也可以是一次品牌的推广，还可以是相关行业的论坛。综合起来，农业电视栏目的外延是对农业电视栏目延伸产业的开发。

以农业电视栏目《北方新农村》为例，《北方新农村》栏目成功策划并组织召开了环境优化发展十佳村颁奖晚会。栏目的主持人元素、信息元素、播出平台元素等渗透到晚会的全过程。一次颁奖晚会的成功召开，也成就了《北方新农村》栏目立体化全方位宣传的愿望，这是利用节目的外延，推介栏目自身。

农业电视栏目外延是多角度和多维度的，找到适合自己的拓展外延的方式方法，并付诸行动，是有百利而无一害的事。

（3）开发农业栏目衍生品

以《黑土地》栏目为例，其开发衍生品的做法是实现电视栏目的纸化宣传，即推出《黑土地》杂志。杂志一经刊发，就引起广大农民群众的密切关注，受到辽宁省各地农民的热烈欢迎和喜爱。

杂志作为一种纸质媒体，有利于农民保留，方便寻找相关的政策、市场、技术等多方面信息。杂志源于电视节目，但又实现进一步的拓展，增加了教育、医疗卫生、供求信息、幽默笑话等诸多内容，体现出权威、有效、实用、生动、鲜活等特色。同时，将分门别类地开设清晰的版块，便于农民阅读、理解。杂志还实施了约稿制，邀请《黑土地》栏目上人们熟知的农业院校、科研院所、政府部门的专家、领导为杂志写稿，进一步体现杂志的权威性，提高《黑土地》的品牌认知度。

最主要的是，杂志以直邮派送的形式发行，保持了《黑土地》栏目的公益性特质，是栏目组送给广大农民的一份额外的礼物。

农业电视栏目衍生品开发可以是多产业的，围绕着文化产业的 DM 杂志，没有走出传媒的范畴。而《黑土地》栏目曾经尝试的"黑土地农家蛋"的派送活动，就是衍生品真正走向了产品化。《黑土地》栏目组工作人员，深入到农村收集原汁原味的农家笨鸡蛋，进行包装，附上"黑土地农家蛋"的标识，派送给参与栏目组活动的广大市民。这一举措，表达了《黑土地》栏目沟通城乡的诚意，也展示了农业栏目自身的资源优势。农业电视栏目衍生品多种多样，可以是装饰品、用品、吉祥物等。国外传媒产业的衍生品开发已经给我们作出了表率，衍生品开发走向产业

第一期《黑土地》杂志

化，进入经营领域是切实可行的。

（4）打造农业电视栏目线上线下产业链

农业电视栏目线上线下产业链也是一种延伸，确切地说是一种行业化的延伸。农业电视栏目长期围绕着农业生产资料做文章，起到为农资产品"做嫁衣"的独到作用。多年来，《黑土地》栏目成功推出的许多农资品牌，一句"东单60好透了！"让东亚种业声名鹊起，玉米种子销售量成几何级数蹿升；《禾丰养殖天地》版块的开设，也让"禾丰饲料　营养专家"这个理念深入人心。很多类似的农事企业因为与《黑土地》栏目的合作，不断发展壮大，成为全省乃至全国的知名企业。可见，《黑土地》栏目打造品牌、树立品牌的功能十分强大。

那么《黑土地》栏目为什么不能开发自己的品牌，生产和经营自己的产品呢？出于知识产权保护的意识，《黑土地》栏目在传媒领域为自己注册了商标，但是在生产领域还没有更多的动作。眼下人们知道的"黑土地酒""黑土地大酱""黑土地合作社""黑土地农资公司"等有关黑土地字样的品牌都已经出现。这证明，农业电视栏目从业人员的眼界似乎是窄了一些，抱着手里的"金饭碗"，考量的范畴有失宽泛。

农业电视栏目可以有自己的农资连锁销售公司、农产品深加工企业、农业示范园区、展览公司、培训机构等，形成一个以农业栏目为核心的新型集团公司。这些绝不是空谈，因为在别的领域已经有成功的先例。

农业电视栏目有可能也一定能创造出不单单是只有电视的品牌，相关种子、肥料、农药、苗木、园区、学校等多行业、多门类品牌的出现，也代表着农业电视栏目跨媒体时代来临，农业电视栏目产业化之路和农业科普之路会越走越宽广。

以农业科技项目 推动农业科普

以农业农村部和财政部"辽宁省玉米产业重大农业科普服务试点项目"科普推广为例，辽宁省农业科学院玉米研究所根据辽宁省不同区域光热资源分布特点和玉米生产中存在的技术限制因素，构建了"1＋8＋50＋1"的技术研究与农业科普示范体系，依托创新科研试验基地和新建成的 8 个区域农业科普服务基地有针对性地开展了玉米绿色增产增效技术源头创新与不同生态区技术研究与集成，形成了辽西半干旱区"节水节肥秸秆还田病虫绿色防控增产增效集成技术"、辽中北半湿润雨养区"平作宽窄行节肥病虫绿色防控全程机械化增产增效集成技术"和辽东南湿润雨养区"化肥优化减施病虫绿色防控增产增效集成技术"。

依托"1＋8＋50＋1"新型农业科普服务体系，针对辽宁省玉米产业发展需求，分别构建出以科研院所、科研院所和企业为主体，与基层推广组织、新型农业经营主体和农户相融合的两类新型农业科普服务模式。在运行新型农业科普服务模式过程中，通过制定和完善科技推广人员管理机制和激励政策，创建了"省、县、乡"一体化团队运行与管理机制；通过科研院所与基层农业科普服务体系的有机结合，实现了科研院所与新兴农业经营主体的直接对接，最终实现了科技成果快速转化为生产力。

通过本项目实施，形成不同区域玉米绿色增产增效集成技术 3 套、颁布辽宁省地方标准 1 个、发表学术论文 17 篇和获辽宁农业科技贡献奖 1 项。依托构建的新型农业科普服务体系，在辽宁省示范、推广和应用玉米绿色增产增效集成技术面积达 1 328.0 万亩，平均增加 37.8 千克/亩、肥料用量平均减少 14.4％、农药用量平均减少 8.1％、水分利用率平均提高 5.1％，新增总产值 70 277.76 万元，新增纯经济效益 46 694.432 万元，经济效益、社会效益和生态效益显著。

1. 地点选择

根据辽宁省不同区域光热资源分布特点和玉米生产中存在的产量限制因素，在建平、彰武、金城原种场（凌海）、铁岭、新民、台安、普兰店和凤城分别建设了 8 个区域农业科普服务基地。

针对建平县、朝阳县和建昌县雨水偏少、光照充足、季节性干旱频繁等特

以农业科技项目推动农业科普

点和栽培管理粗放等现状，在建平县建设农业科普服务基地 1 个。

　　针对彰武县和阜蒙县雨水偏少、光照充足、土地沙化严重、土壤瘠薄、季节性干旱频繁及栽培管理粗放等特点，在彰武县建设农业科普服务基地 1 个。

　　针对黑山县、凌海市和义县雨量适中、土地较平坦、光照较为充足、主栽品种多而杂、土壤耕层浅、地力不断下降、病虫害普遍偏重、生产投入较高、效益较低等区域特点，在凌海市金城原种场建设农业科普服务基地 1 个。

　　针对昌图县、开原市和铁岭县雨量适中、土地较平坦、光照较为充足、主栽品种多而杂、土壤耕层浅、地力不断下降、生产投入较高等区域特点，在铁岭县建设农业科普服务基地 1 个。

　　针对海城市和台安县雨量充足、无霜期较长、生育阶段光照偏少、土地较平坦、玉米增产潜力大、肥料投入较高、病虫害严重、农业面源污染严重等区域特点，在台安县建设农业科普服务基地 1 个。

　　针对普兰店区、瓦房店市和庄河市雨量充足、无霜期较长、生育阶段光照偏少、风灾严重、玉米增产潜力大、肥料投入较高、病虫害严重、农业面源污染严重等区域特点，在普兰店区建设农业科普服务基地1个。

针对凤城市和宽甸县雨量充足、无霜期较长、生育阶段光照偏少、病虫害严重、农药投入较高、农业面源污染严重等区域特点，在凤城市建设农业科普服务基地1个。

针对法库县和新民市雨量适中、土地较平坦、光照较为充足、主栽品种多而杂、地力不断下降、肥料投入量大、面源污染严重等区域特点，在新民市建设农业科普服务基地1个。

2. 基地建设与条件提升

建平农业科普服务基地：在建平县黑水镇落实基地面积800亩，在原有的配套农机具和常规测试化验分析设备基础上，增加600米²晾晒场、280米²培训室、并增配了1台清垄小双行深松免耕精量播种机、1台新型勺轮式精量免耕播种机、1台通轴联合整地机和900延米场区配电线路等设施。

彰武农业科普服务基地：在彰武县章古台镇落实基地面积800亩，购置了1台清垄小双行深松免耕精量播种机、1台135-4拖拉机、1台翻转犁、2台新型勺轮式精量免耕播种机、1台深松机、1台联合收割机、1台玉米秸秆回收机，1台植物冠层分析仪、1台定位观测仪和1套SEEWO培训设备及软件等仪器设备。

辽宁省金城原种场农业科普服务基地：落实基地面积800亩，在原有的20余台整地机、旋耕机、播种机等农用机械和灌溉机井、配套灌溉渠道及完善的试验仪器设备基础上，补充了1台清垄小双行深松免耕精量播种机、1台康达2BMZF－2X免耕指夹式精量施肥播种机、1套培训用品（音响、计算机、投影仪）、2台新型勺轮式精量免耕播种机、建设4 000米²田间作业路、维修了培训室等。

铁岭农业科普服务基地：在铁岭县蔡牛镇落实基地面积800亩，购置了1台清垄小双行深松免耕精量播种机、1台约翰·迪尔135－4拖拉机、1台无人施药直升机、1台秸秆粉碎打捆机等。

台安农业科普服务基地：在台安县新台镇落实基地面积800亩，增购了1台清垄小双行深松免耕精量播种机、1台康达2BMZF－4X免耕指夹式精量施肥播种机、800亩基地的滴灌设施配套（包括打井、管线铺设、滴灌及肥水一体施肥设施建设等）、2台新型勺轮式精量免耕播种机等。

普兰店农业科普服务基地：在普兰店区安波落实基地面积800亩，增配了1台清垄小双行深松免耕精量播种机、1台80－4拖拉机、2台新型勺轮式精量免耕播种机、1台三行玉米收割机、1台联合整地机、1台深松机和1套培训用品（音响、计算机、投影仪）等。

凤城农业科普服务基地：在凤城市宝山镇落实基地面积 800 亩，增配了 1 台清垄小双行深松免耕精量播种机、1 台康达 2BMZF－4X 免耕指夹式精量施肥播种机、1 台 90－4 拖拉机、1 台 55－4 拖拉机、2 台新型勺轮式精量免耕播种机、1 台深松机、1 套培训用品（音响、计算机、投影仪）等。

新民农业科普服务基地：在新民市兴隆堡镇落实基地面积 800 亩，增配了 1 台清垄小双行深松免耕精量播种机、1 台联合整地机、2 台新型勺轮式精量免耕播种机、1 台中耕施肥机、1 台约翰·迪尔联合收割机、1 台 90－4 拖拉机等。

农业科普服务项目通过验收

3. 辐射带动区域

（1）建平农业科普服务基地

辐射带动区域：建平县沙海镇、太平庄镇、昌隆镇和黑水镇，建昌县喇嘛洞镇和头道营子乡，朝阳县波罗赤镇和大庙镇共计 8 个"千亩方"。

（2）彰武农业科普服务基地

辐射带动区域：彰武县两家子乡、冯家镇、兴隆堡镇和五锋镇，阜蒙县阜新镇和泡子镇共计 6 个"千亩方"。

（3）辽宁省金城原种场农业科普服务基地

辐射带动区域：黑山县新兴镇、镇安乡和大虎山镇，凌海市石山镇，义县城关乡和高台子镇共计 6 个"千亩方"。

（4）铁岭农业科普服务基地

辐射带动区域：铁岭县阿吉镇，开原市八宝镇和中固镇，昌图县昌图镇、老城镇和太平镇共计6个"千亩方"。

（5）台安农业科普服务基地

辐射带动区域：台安县新台镇、西佛镇、新开河镇和达牛镇，海城市感王镇和耿庄镇共计6个"千亩方"。

（6）普兰店农业科普服务基地

辐射带动区域：普兰店杨树房街道，瓦房店三台子镇、元台子镇和老虎屯镇，庄河市吴炉镇和光明山镇共计6个"千亩方"。

（7）凤城农业科普服务基地

辐射带动区域：凤城市白旗镇、大兴镇、大堡镇和红旗镇，宽甸县青椅山镇和长甸镇共计6个"千亩方"。

（8）新民农业科普服务基地

辐射带动区域：新民市新农乡、大柳屯镇、公主屯镇和大红旗镇，法库县秀水河子镇和三面船镇共计6个"千亩方"。

4. 50个"千亩方"示范田

（1）地点选择

在建平、彰武、辽宁省金城原种场、铁岭、台安、普兰店、新民和凤城共8个区域农业科普服务基地所在县（市）乡（镇）以及在建昌县、朝阳县、阜蒙县、黑山县、义县、开原市、昌图县、海城市、瓦房店、庄河市、宽甸县和法库县12个辐射区所在县（市）乡（镇）共建设50个"千亩方"示范田，这50个"千亩方"示范田由合作社、种植大户和家庭农场等新型农业经营主体构成见下表。

"千亩方"示范田依托新型农业经营主体信息

序号	生态区	区域农业科普服务基地	示范县	所在乡（镇）	新型农业经营主体	示范田面积（亩）
1	辽西半干旱区	建平农业科普服务基地	建平县	沙海镇	玉岭农机合作社	1 053
2				太平庄镇	种植大户	1 300
3				昌隆镇	兴民水利滴灌合作社	1 050
4				黑水镇	瑞海隆都种植有限公司	1 100
5			建昌县	喇嘛洞镇	志远专业合作社	1 087
6				头道营子乡	农友玉米种植专业合作社	1 019
7			朝阳县	波罗赤镇	耀昌玉米种植专业合作社	1 043
8				大庙镇	聚祥源种植专业合作社	1 007

（续）

序号	生态区	区域农业科普服务基地	示范县	所在乡（镇）	新型农业经营主体	示范田面积（亩）
9	辽西半干旱区	彰武农业科普服务基地	彰武县	两家子乡	兴盛玉米合作社	1 120
10				冯家镇	宝盈家庭农场	1 076
11				兴隆堡镇	桑田玉米合作社	1 100
12				五峰镇	兴达农机专业合作社	1 050
13			阜蒙县	阜新镇	海丰科技家庭农场	1 003
14				泡子镇	润禾玉米种植合作社	1 025
15			黑山县	新兴镇	金宝大田种植专业合作社	1 100
16				镇安乡	占芳大田种植专业合作社	1 012
17				大虎山镇	鑫盛大田种植专业合作社	1 035
18		辽宁省金城原种场农业科普服务基地	凌海市	石山镇	种植大户	1 013
19			义县	城关乡	义县农旺种植专业合作社	1 086
20				高台子镇	高台子文明玉米种植专业合作社	1 050
21	辽中北半湿润雨养区	铁岭农业科普服务基地	铁岭县	阿吉镇	春华秋实农作物种植合作社	1 102
22			开原市	八宝镇	开原市宏大农业机械化专业合作社	1 000
23				中固镇	铁岭星源科技农作物种植专业合作社	1 051
24			昌图县	昌图镇	宏运来农机合作社	1 098
25				老城镇	永鑫农业科技示范家庭农场	1 023
26				太平镇	双满玉米专业种植合作社	1 009
27		台安农业科普服务基地	台安县	新台镇	台安县新丰农民专业合作社	1 050
28				西佛镇	诚发农机合作社	1 000
29				新开河镇	家庭农场	1 079
30				达牛镇	绿美玉米种植专业合作社	1 041
31			海城市	感王镇	海城市科信种养专业合作社	1 066
32				耿庄镇	海城绿世界农业科技服务开发有限公司	1 034
33		新民农业科普服务基地	新民市	新农乡	冠裕种植专业合作社	1 000
34				大柳屯镇	佐文种植专业合作社	1 000
35				公主屯镇	三禾玉米种植专业合作社	1 000
36				大红旗镇	绍宏玉米种植专业合作社	1 000
37			法库县	秀水河子镇	丰润发玉米种植专业合作社	1 046
38				三面船镇	法库鹏德玉米种植家庭农场	1 032

（续）

序号	生态区	区域农业科普服务基地	示范县	所在乡（镇）	新型农业经营主体	示范田面积（亩）
39	辽东南湿润雨养区	普兰店农业科普服务基地	普兰店	杨树房街道	种植大户	1 000
40			瓦房店	三台子镇	种植大户	1 000
41				元台子镇	大连家盛果菜专业合作社	1 000
42				老虎屯镇	种植大户	1 000
43			庄河市	吴炉镇	大连天物生态农业发展科技有限公司	1 000
44				光明山镇	种植大户	1 000
45		凤城农业科普服务基地	凤城市	白旗镇	文祥家庭农场	1 015
46				大兴镇	珍绿品尚家庭农场	1 032
47				大堡镇	大自然家庭农场	1 006
48				红旗镇	铭玮家庭农场	1 104
49			宽甸县	青椅山镇	宽甸满族自治县农业新技术开发公司	1 000
50				长甸镇	兴民玉米专业合作社	1 000

（2）示范田建设与条件提升

为配套完善"千亩方"承担乡（镇）农业科普服务站服务条件，增配了 1 套培训用投影仪和笔记本电脑，并签署了《培训设备授权使用维护保养协议》，提升了乡（镇）农业科普服务站配合省、县级专家开展千亩示范田建设与技术咨询、指导和农业综合信息收集与上报及乡（镇）技术培训能力，并在实际工作中发挥了巨大作用。向"千亩方"示范乡（镇）累计发放辽单 575 玉米种子 36 150 千克、辽单 585 玉米种子 100 千克、辽单 586 玉米种子 100 千克、辽单 588 玉米种子 2 000 千克、辽单 565 玉米种子 400 千克，丰度复合肥 86.68 吨，生物菌肥 29 吨。

（3）组建 20 个省级专家团队和 20 个示范县团队

① 20 个省级专家团队。为准确把握国内外玉米产业发展方向、生产特点和技术需求，有效解决玉米生产中存在的障碍因素和关键技术环节，保证 1 个科研试验基地和 8 个区域农业科普示范工作的质量和效果，为区域农业科普服务基地和示范田提供科技创新动力源泉，项目组组建了多学科联合的省级专家团队 20 个，各团队工作内容如下表所示。

20个省级专家团队名称与工作内容

序号	团队名称	工作内容
1	辽宁省农业科学院玉米研究所育种团队	绿色、高产、高效品种的选育、筛选、评价与展示等，科技培训指导
2	辽宁省农业科学院玉米研究所栽培团队	玉米节水、肥料优化减施、氮素高效利用等关键技术研究与示范，科技培训指导
3	辽宁省农业科学院耕作栽培研究所栽培团队	玉米秸秆还田、节水、水肥一体化技术研究与示范，科技培训指导
4	辽宁省农业科学院耕作栽培研究所节水团队	玉米节水、水肥一体化技术研究与示范，科技培训指导
5	辽宁省农业科学院植物营养与环境资源研究所土壤团队	玉米秸秆还田技术创新研究与示范，科技培训指导
6	辽宁省农业科普总站推广团队	品种筛选与农业科普技术研究与示范，科技培训指导
7	丹东农业科学院育种团队	品种筛选与评价，科技培训指导
8	沈阳农业大学栽培团队	玉米秸秆还田技术、节肥关键技术创新研究与示范，科技培训指导
9	沈阳农业大学特种玉米研究所栽培团队	玉米增密减氮、秸秆还田创新技术研究与示范，科技培训指导
10	辽宁省农业机械化研究所农机团队	玉米秸秆机械化还田技术研究与示范，科技培训指导
11	辽宁省农业科学院植保团队	玉米节肥节药关键技术研究，科技培训指导
12	辽宁省水利水电科学研究院节水团队	玉米膜下滴灌耗水规律与灌溉制度研究与示范，科技培训指导
13	辽宁省农业科学院测试团队	土壤养分及土壤结构现状和植株样品的分析
14	辽宁省农业科学院农经团队	玉米产业农业科普服务障碍因素和农业科普服务新模式研究，科技培训指导
15	辽宁省农业科学院加工团队	玉米粮食加工储藏现状及存在的技术问题进行分析，科技培训指导
16	沈阳市农业科学院栽培团队	玉米秸秆腐解剂与免耕技术研究与示范，科技培训指导
17	铁岭市农业科学院育种团队	品种筛选与评价，科技培训指导
18	辽宁省风沙地改良利用研究所栽培团队	玉米秸秆还田、节水灌溉技术研究与示范，科技培训指导
19	辽宁省农业科学院植环所肥料团队	玉米节水灌溉、水肥一体化技术研究与示范，科技培训指导
20	锦州市农业科学院育种团队	品种筛选与评价，科技培训指导

②20个示范县团队。为了创建"省、县、乡"一体化团队运行与管理机制，建立和完善科研院所与基层农业科普体系有机结合新机制，实现科研院所与新兴农业经营主体的直接对接，促进科技成果快速转化为生产力。项目组组建了20个示范县团队分别负责为县乡覆盖的"千亩方"农户提供技术指导和培训，各团队组织结构如下表所示。同时，20个省级专家团队有针对性的入驻在8个区域农业科普服务基地，负责对县级示范团队成员进行技术培训与指导，形成了上下联动的农业科普机制。

省级和县级专家团队对50个"千亩方"科普服务指导分配表

序号	3个生态区	8个区域农业科普服务基地	20个示范县	50个"千亩方"所在乡（镇）	入驻县、乡级团队	入驻省级团队
1	辽西半干旱区	建平农业科普服务基地	建平县	沙海镇	建平县农业科普中心以及"千亩方"所在乡（镇）农业服务站团队	辽宁省农业科学院玉米研究所育种团队、栽培团队，耕作栽培研究所节水团队，植物营养与环境资源研究所土壤团队、测试团队；辽宁省农业机械化研究所农机团队和辽宁省水利水电科学研究院节水团队
2				太平庄镇		
3				昌隆镇		
4				黑水镇		
5			建昌县	喇嘛洞镇	建昌县农业科普中心以及"千亩方"所在乡（镇）农业科普站团队	
6				头道营子乡		
7			朝阳县	波罗赤镇	朝阳县农业科普中心以及"千亩方"所在乡（镇）农业技术服务站团队	
8				大庙镇		
9		彰武农业科普服务基地	彰武县	两家子乡	彰武县农业科普中心以及"千亩方"所在乡（镇）农技农机站团队	辽宁省农业科学院玉米研究所育种团队，耕作栽培研究所栽培团队、节水团队，植物营养与环境资源研究所土壤团队；辽宁省风沙地改良利用研究所栽培团队
10				冯家镇		
11				兴隆堡镇		
12				五峰镇		
13			阜蒙县	阜新镇	阜蒙县农业科普中心以及"千亩方"所在乡（镇）农科站团队	
14				泡子镇		
15		辽宁省金城原种场农业科普服务基地	凌海市	石山镇	辽宁省金城原种场、凌海市农业科普中心团队	辽宁省农业科学院玉米研究所育种团队、栽培团队，植物营养与环境资源研究所土壤团队、农经团队；锦州市农业科学院育种团队
16			黑山县	新兴镇	黑山县农业科普中心以及"千亩方"所在乡（镇）农技站团队	
17				镇安乡		
18				大虎山镇		
19			义县	城关乡	义县农业科普中心以及"千亩方"所在乡（镇）农业科普站团队	
20				高台子镇		

（续）

序号	3个生态区	8个区域农业科普服务基地	20个示范县	50个"千亩方"所在乡（镇）	入驻县、乡级团队	入驻省级团队
21	辽中北半湿润雨养区	铁岭农业科普服务基地	铁岭县	阿吉镇	铁岭县农业科普中心以及"千亩方"所在乡（镇）农业技术综合服务站团队	辽宁省农业科学院玉米研究所育种团队、栽培团队、植保团队，植物营养与环境资源研究所肥料团队，辽宁省农业科普总站推广团队，辽宁省农业机械化研究所农机团队，铁岭市农业科学院育种团队
22			开原市	八宝镇	开原市农业科普中心以及"千亩方"所在乡（镇）农技站团队	
23				中固镇		
24			昌图县	昌图镇	昌图县农发局粮油经作科以及"千亩方"所在乡（镇）农业技术综合服务站团队	
25				老城镇		
26				太平镇		
27		台安农业科普服务基地	台安县	新台镇	台安县农业科普中心以及"千亩方"所在乡（镇）特色农业科普站团队	辽宁省农业科学院玉米研究所育种团队、测试团队、农经团队、加工团队，植物营养与环境资源研究所肥料团队
28				西佛镇		
29				新开河镇		
30				达牛镇		
31			海城市	感王镇	海城市农业科普中心以及"千亩方"所在乡（镇）农业科普站团队	
32				耿庄镇		
33		新民农业科普服务基地	新民市	新农乡	新民市农业科普中心以及"千亩方"所在乡（镇）农业科普站团队	辽宁省农业科学院玉米研究所育种团队、耕作栽培研究所栽培团队、植物营养与环境资源研究所土壤团队，辽宁省农业科普总站推广团队，辽宁省农业机械化研究所农机团队，沈阳市农业科学院栽培团队
34				大柳屯镇		
35				公主屯镇		
36				大红旗镇		
37			法库县	秀水河子镇	法库县农业科普中心以及"千亩方"所在乡（镇）农业科普站团队	
38				三面船镇		
39	辽东南湿润雨养区	普兰店农业科普服务基地	普兰店	杨树房街道	普兰店区农业科普中心以及"千亩方"所在街道农技站团队	辽宁省农业科学院玉米研究所育种团队、栽培团队、测试团队、加工团队，植物营养与环境资源研究所肥料团队，沈阳农业大学栽培团队
40			瓦房店	三台子乡	瓦房店市农业科普中心以及"千亩方"所在乡（镇）农业服务中心和农业科普站团队	
41				元台子镇		
42				老虎屯镇		
43			庄河市	吴炉镇	庄河市农业科普中心以及"千亩方"所在乡（镇）农业服务中心团队	
44				光明山镇		

（续）

序号	3个生态区	8个区域农业科普服务基地	20个示范县	50个"千亩方"所在乡（镇）	入驻县、乡级团队	入驻省级团队
45	辽东南湿润雨养区	凤城农业科普服务基地	凤城市	白旗镇	凤城市农业科普中心以及"千亩方"所在乡（镇）农业综合服务中心团队	辽宁省农业科学院玉米研究所育种团队、植保团队，植物营养与环境资源研究所肥料团队，丹东市农业科学院育种团队，沈阳农业大学特种玉米研究所栽培团队
46				大兴镇		
47				大堡镇		
48				红旗镇		
49			宽甸县	青椅山镇	宽甸县农业科普中心以及"千亩方"所在乡（镇）农业中心团队	
50				长甸镇		

5. 1个全链条信息服务平台

（1）平台组建与人员构成

依托辽宁省农业科学院信息中心建设农业科技服务云平台，以云计算和大数据为支撑，有效整合各类农业科普信息资源，构建起农业科技创新、成果转化、农业科普、农民培训与农业生产各个环节上下贯通、优势互补、管理科学、运转高效的现代农业科普信息管理与服务系统，提高农业科普服务信息化水平，全面提升农业科普服务的质量和效率，不断增强农业科普服务与农业产业的融合度，持续提高农业科技进步贡献率和农业资源利用率，切实保障国家粮食安全和增加农民收入。

（2）科普培训和服务

以科普服务云平台和专家服务为支撑，通过农业科普视频和专家远程培训，以创新基地为中心，面向全省8个区域农业科普服务基地及其"千亩方"开展农业科技培训和科技服务。

（3）辐射区域

包括沈北创新研究基地、建平农业科普服务基地、彰武农业科普服务基地、新民农业科普服务基地、铁岭农业科普服务基地、辽宁省金城原种场农业科普服务基地、台安农业科普服务基地、普兰店农业科普服务基地和凤城农业科普服务基地。

以农业科技项目来推动农业科普，这种方式的最大特点是全程可控、跟踪有序、科普效果有保证。"辽宁省玉米产业重大农业科普服务试点项目"，根据辽宁省不同区域光热资源分布特点和玉米生产中存在的产量限制因素，形成了3套玉米绿色增产增效集成技术，建成了具有创新研究和技术推广功能的"1+

8＋50＋1"科普示范体系，在辽宁省累计示范和推广绿色增产增效集成技术面积达1 328.0万亩。

以农业科技项目进行农业科普的服务模式能够有效地解决农村基层农业科普力量薄弱、新品种新技术示范推广难等一系列问题，从而达到增产、增收、增效的目的，农业龙头企业、农民专业合作社和农户对服务模式的服务质量比较满意。这种科普模式通过政府在财政经费上给予补贴，购买服务可以推动科普服务的推进。如果财政经费不足就难以维系科普服务的进一步发展，这是制约该科普模式广泛推广的体制性因素。

农业项目科普离不开农业科技人员

第三篇 ◀◀◀

融合 共赢
美美与共 顺应时代
（2013—2020年）

走过春的萌生

夏的滋长

田野披上盛装

玉米金黄

水稻欢唱

瓜果飘香

幸福在黑土地生长

祈盼和努力

化作秋收的繁忙

——农业科普服务感悟

农业科普永远在路上

第五章　从 PC 端到手机端
自媒体时代

科技进步，万象更新。农业科普之路，更加任重而道远。

智能手机的出现改变了我们的生活，也把大家从 PC 端带到移动端，带到一个自媒体时代。

如今，我们足不出户，能知天下、能尝美食、能购物买菜，智能手机铺天盖地的信息，让我们每天盯着手机甚至达到七八个小时，不需带钱支付、不需问路导航，种种便利都代表了时代的进步。

其实，这样的生活并没有经历很久，很多人会忽然好奇，我们是什么时候开始不看报纸、不看杂志、不看电视了呢？

还记得那个叫"大哥大"的电话吗？那是第一代移动通信产品。由于价格昂贵，只有少部分人能用得起，还没有到普及的地步就退出通信舞台了。1995 年，2G 时代到来；2009 年，我国发放了 3G 牌照；2013 年，4G 时代迅速到来；如今，5G 正在拥抱着我们。

 智能手机降价　农民获取信息方式变革

网络是通往陌生世界的沟通窗口，在这里产生的交流，也遵循着基本的共识。

2013 年，4G 智能手机开始在大众群体普及，特点是更快更稳定，能实现人与信息的实时连接。那么，智能手机降价又和农民获取信息方式的变革有什么关系呢？

关于新媒体和智能手机的应用，笔者曾和一位农事企业代表做过深入的探讨。作为传统媒体人，笔者对媒体的发展变迁非常关注，逐渐意识到传统媒体人需要积极拥抱新媒体，农民也将会适应人人都是节目输出端的自媒体时代。但是，那位农事企业代表对此不屑一顾，在他看来，广大农民还是处在"一亩三分地、老婆孩子热炕头"的传统小农经济时代，他们很多人用手机只用电话功能，有的人连短信都不会发，怎么能用智能手机？怎么能接受新媒体的信息资讯呢？说到这，就得关注智能手机的价格了。早在 2009 年，智能手机就在中国普及，运营商强力推广，手机价格降了很多，那时，除了成年人，青少年也开始使用智能移动网络产品。2013 年，4G 网络启用后，基本上全国人民都用上了 4G 手机。

因为长期在农业一线采访，笔者发现很多种地农户的智能手机使用起点都是从"捡剩"开始的，使用他们儿女淘汰下来的第一代智能手机。也正是从这一刻起，农民获取信息的方式发生了巨大的变化。

由数字化发展而带来的移动端信息服务，迅速改变着农村原有的差序格局。随着移动终端购买和使用费用的降低，农民借助微信、百度、快手、今日头条等软件工具，从封闭快速转向开放，不断拓宽着自己的社交范围，生产生活方式从单一走向多元，形成了如今新型的农村社会关系。

微信公众号 自媒体价值突起

如今，人们埋首于以微信为代表的各种 App 构成的互联网之中而不自知，似乎忘却了 20 年前书信往来的那段岁月，那些前互联网时代宝贵的东西，是否会和我们一起走向未来？

作为一名传统媒体人，作者也特别关注大众传媒是怎样一步步转化，变成如今媒体融合的新状态。梳理一下，我国互联网发生三次"圈地运动"，第一次是在 1999 年前后，以新浪、搜狐、网易这样的门户网站为基本业态；第二次是在 2007 年之后，门户网站被各种应用平台清洗，像百度、阿里巴巴、腾讯分别从搜索引擎、电子商务、即时通信三个方向出发，完成对门户网站的超越，成为"新三巨头"，也被称为 BAT。然而，2012 年以后，随着智能手机的逐步普及，用户从电脑端迅速平移到移动手机端，这也是第三次"圈地运动"。

微信是腾讯 2011 年推出的为智能终端提供即时通信服务的免费应用程序，微信可以实现跨通信运营商，跨操作系统发送免费的文字、图片和语音，还可以使用摇一摇、朋友圈、公众平台、语音记事本等插件。到 2016 年，微信已经覆盖中国 94％以上的智能手机，月活跃用户达到 8.06 亿。

人们说微信不仅仅是社交媒体，也是黏性应用平台，人们在微信上获取信息，得到科普知识，也获得生活服务。

微信公众号 2012 年上线，拥有持续创作能力的写作者发现这种模式更适合沉浸式写作，传播路径由朋友圈发动，在通信和社交环境中实现，具有强大的舆论效率。随后，是微信公众号爆发性增长的一段时间，到 2015 年数量突破 1000 万。据报道，一个科研院所的农业科普人员开设一个以农业科普为内容的微信公众号，由于内容专业、发布及时、资讯实用，这个公众号短期内迅速积累了百万粉丝。作者在积极学习新媒体的过程中，邀请这位农业科普人员给编导们做培训，他骄傲地告诉我们，他的微信公众号分分钟都在涨粉。

同样，随着微信公众号等功能的繁荣与强大，让微信这个社交 App 后来终于打破了支付壁垒，成为在线支付服务商。

当然了，如今微信公众号更像一个工具和一种标配，哪个单位、企业、媒体、栏目，都会配备专属于自己的微信公众号，塑造属于自己的微信传播体系。

辽宁卫视微信公众号

今日头条 一条内容四百万的阅读量

互联网重构了信息传播方式，笔者也不得不适应收视率之外的新媒体数据呈现形式，过去单纯向外的传播系统，在互联网上不复存在。在各种新媒体上，传播体系不是单向的，而是互动的。信息不是由传播人员所控制，而是由接收者受众控制。受众和消费者不再是传播的目标，而是聆听和响应的对象。

今日头条是一款基于数据挖掘的推荐引擎产品，为用户推荐信息、提供连接人与信息服务的产品。2017年，各种社交平台群雄逐鹿、激战正酣，作者在微信公众号之后入驻今日头条，注册了农业新媒体头条号"北方新农村"，为三农领域提供更加及时细致的服务。

因为长期的一线农业记者生涯，积攒了相对丰富的农业领域信息量，作者在入驻头条的一年之内回答了300多个农业领域问题，得到平台的推送和用户的关注。一条关于农民养老保险的内容，实现了400多万的阅读量。

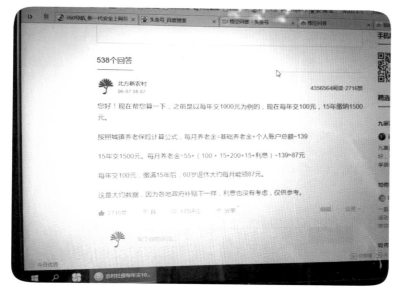

"头条问答"后台数据400多万阅读量

农民的问题留言

300多个头条问答，占据了作者很长一段早间的时光，打开电脑看反馈、答问题，已经成为习惯。回答问题的过程也是一个系统学习的过程，有时候也需要和自己和解，我们不是知识的输出者，我们是知识的搬运工。

四 搜索引擎
——知识传播新路径

搜索引擎是根据用户需求与一定的算法，运用特定的策略从互联网中检索出指定信息反馈给用户的一门检索技术。它能够提高人们获取信息的速度，为大家提供更好的网络环境。搜索引擎伴随着互联网的产生而发展，几乎每个上网的人都会使用搜索引擎。

搜索引擎给农民带来便利

对于很多人来说，搜索引擎是实现科普的一种路径。打开搜索引擎，搜索关键词，带出来的科普信息一条接着一条。似乎不用找专家和技术人员，自己就能给自己做农业科普了。例如，在百度上搜索"辽单502""辽单575"，文字和视频都会显示出来。

辽单 575

　　植株特征： 该品种春播生育期约 126 天（夏播约 95 天），需有效积温约 2 700 ℃。株高约 270 厘米（夏播约 260 厘米），穗位约 95 厘米（夏播约 90 厘米），株型紧凑，果穗筒形，穗长约 25 厘米，穗行数 18 行左右，千粒重约 440 克，出籽率约 90.5%。

　　品种特点： 根系发达，茎秆粗壮，抗倒伏，芽强苗壮活力旺，活秆成熟抗性好，稳产高产效益高，棒大棒匀不秃尖，里外一致米质优。

　　经人工接种鉴定： 抗玉米大斑病、丝黑穗病、茎腐病等病害。

　　产量表现： 2017 年，辽宁省朝阳市建平县太平庄乡太平庄村二组种植的 100 亩辽单 575 玉米超高产示范田，经专家组测产结果：最高亩产达 1 445.2 千克（含水 14%）；平均亩产 1 269.9 千克（含水 14%）。

　　该品种适应区域广，2017 年在新疆生产建设兵团奇台总产高产潜力挖掘试验中平均亩产 1 375 千克；国家重点研发计划"七大作物育种"项目强优势玉米杂交种选育超高产攻关田陕西定边试验点亩产达 1 200 多千克。一般亩产 850 千克。

　　2016 年，经辽宁省玉米重大农业科普服务试点项目专家测产：辽宁省建平县黑水试验基地种植 50 亩辽单 575 示范田，亩产为 1 215.6 千克（含水 14%）；辽宁省建平县昌隆镇农业站蔡庆站长在昌隆村种植 30 亩辽单 575 示范田，亩产为 1215.6 千克（含水 14%）；辽宁省海城市感王镇东粮村农民合作社长杨志祥种植 30 亩辽单 575 示范田，亩产为 983.9 千克（含水 14%）。一般亩产 850 千克以上。

　　种植区域： 适宜在辽宁省活动积温在 2 700 ℃以上的玉米区种植及黄淮海夏播玉米区种植。凡种植先玉 335 的地区均可种植。适宜密度：4 000 株/亩。

　　网络是一个信息的海洋，各种资源应有尽有，每天都在更新。许多农业科普信息也是通过搜索引擎来实现推广，各个平台通常也形成连接，在一个平台上发布的图文或视频信息，在搜索引擎或其他平台上也能检索到。但是考验我们的除了要学会在平台上搜索适合自己的准确的农业科普信息，还需要具备辨别信息准确度的能力。

　　海量的科普信息，哪里是自己想要的呢？这些科普信息是否存在即是合理呢？这也是广大媒体人和农业科普人员常常思考的问题。

打开手机
——学农业技术

无所不能的手机包罗万象，似乎包含了整个宇宙。有移动传播专家提出：手机是迄今为止全世界普及率最高的信息与传播技术，从来没有哪一种传播技术能够像手机这样，以如此快的速度被普及。

技术跟人类亦敌亦友，也有媒体批判家说，每一种技术既是包袱又是恩赐，不是非此即彼的结果，而是利弊同在的产物。就像手机里丰富的 App 内容，容易让人们越来越脱离现实世界，厌倦现实生活。

可人们终究是要回到现实世界的。当有人在智能手机上承载情感、记忆等"延伸的自我"时，也有人非常清醒地把手机作为一种支撑工作和生活的工具，在智能网络里寻找想要获取的科普信息。比如搜索"马铃薯复种模式"，图文并茂的技术视频或者文稿就会出现。

案例一

马铃薯技术模式推广

马铃薯高效复种模式　马铃薯全程机械化技术
——马铃薯新品种选育及高效复种技术研究与示范专题片

片头字幕：

马铃薯——粮食作物、经济作物兼备

马铃薯新品种选育　极早熟品种

马铃薯高效复种模式　三膜覆盖　双模覆盖　单模覆盖

马铃薯全程机械化技术　缓解劳动力短缺　节本增效

马铃薯新品种选育及高效复种技术研究与示范

正文：

马铃薯，兼具有粮食作物和经济作物的特点，有很高的营养价值。作为辽宁省主要农作物之一，马铃薯有着巨大的增产潜力和广阔的产业发展前景。

目前，辽宁省马铃薯年播种面积稳定在 200 万亩以上，是全省播种面积最大的前茬作物。马铃薯复种亩效益为 2 000～4 000 元，是玉米等粮食作物亩效益的 2 倍以上，是农民增收致富的重要产业，在农业产业结构调整中占有重要地位，全省马铃薯产值达到 30 亿元。

为了推动辽宁省马铃薯产业的发展，辽宁省农业科学院积极推动实施"马铃薯新品种选育及高效复种技术研究与示范"项目，并被中央财政列为重点农业科技推广示范项目。经过 3 年的研究与推广，取得了显著的成就，经济效益和社会效益明显增加。

辽宁省马铃薯区域化高产高效复种模式体系

辽北半湿润区马铃薯单膜覆盖复种蔬菜作物栽培模式 具体为"马铃薯早熟品种＋培肥地力＋合理密植＋单膜覆盖＋复种蔬菜等作物"高产高效栽培模式。辽宁省马铃薯产区中大部分区域都适合马铃薯单膜覆盖复种蔬菜作物生产模式。上茬马铃薯收获后，及时整地，种植西蓝花、茄子、大葱、甘蓝、胡萝卜、白菜等蔬菜。

辽西半干旱区马铃薯双膜覆盖复种粮油作物栽培模式 具体为"马铃薯早熟品种＋培肥地力＋合理密植＋双膜覆盖＋复种粮油作物"高产高效栽培模式。即以马铃薯为前茬的粮粮复种（马铃薯-玉米、高粱、甘薯等）、粮油复种（马铃薯-花生、大豆），为了弥补上下茬有效积温的不足，马铃薯采取双膜覆盖方式栽培，下茬作物采用育苗移栽等方法，确保上下茬作物丰产丰收。

大连地区、辽西、辽中部分地区适合马铃薯双膜覆盖复种模式。

马铃薯双膜覆盖技术 催大芽技术：在播种前 25～30 天进行，芽长 10～12 厘米。适时早播：当 10 厘米土温达到 4～5℃时就可播种。

双膜覆盖技术采用大垄双行形式，以方便进棚管理。（字幕：做成大行距 65～70 厘米的大垄，小行距 25～30 厘米，垄长以 30～50 米为宜）第一层膜，要求膜摆平、伸直、勒紧，使膜紧贴地表。第二层膜是每 3 垄扣一个小拱棚，棚高 1.2～1.3 米，形成拱状，罩上棚膜。

高效平衡施肥技术（字幕：马铃薯生长所需氮、磷、钾的比例是 5：2：9）在施肥上应以农家肥为主、化肥为辅，农家肥以亩施优质农肥 3 000 千克为宜。

病虫草害防治技术 害虫：亩用杀虫剂地虫克星 20％乳油 50 毫升兑水 15 千克喷雾，蚜虫、二十八星瓢虫等害虫用天王星乳油 2 500 倍液，或 18％爱福丁乳油 2 500～3 000 倍液喷雾。杂草：喷完除草剂后及时盖膜。病害：马铃薯主要病害是晚疫病，雨水偏多和开花前后发生严重，防治效果较好的药剂有 25％瑞毒霉 800～1 000 倍液、72％克露 500 倍液，于发病初期及时喷施，连喷 2～3 次，间隔 5～7 天。

田间管理　及时灌水：马铃薯现蕾开花期是需水关键期，遇天旱要及时浇水。撤膜技术：薯块生长和膨大的最适温度是 18～20 ℃，此时可及时撤膜。

下茬：项目区马铃薯双膜覆盖种植模式比单膜种植模式早收获 10～20 天，提早上市。

下茬：种植向日葵、花生、大豆等油料作物。

马铃薯全程机械化生产技术　马铃薯全程机械化技术每亩可节省成本 390 元以上，特别是在目前农村劳力紧张的情况下，将大大缓解马铃薯种植户的压力，是一项深受农民欢迎的技术。以下为字幕图表。

马铃薯机械化种植与人工种植效率对比表

生产环节	人工种植成本（元/亩）	机播效率	机播成本（元/亩）	节约成本（元）
播种	犁地 80，人工 320，合计 400	使用马铃薯播种机每天可播 25 亩地	140	260
引苗	80	使用覆土机每天可覆土 30～40 亩	30	50
收获	人工拔秧 80，犁地 30，人工 100，合计 210	使用杀秧机每天杀秧 40 亩	25	80
		使用收获机每天可收获 25～30 亩，人工拣薯	机械 25 人工 80	
合计	690		300	390

实施效果

先后在葫芦岛、朝阳、锦州、阜新、铁岭、大连、沈阳 7 个市引进脱毒马铃薯、玉米、蔬菜等新品种 55 个，推广马铃薯三（双、单）膜覆盖复种粮油作物、蔬菜作物高效模式、马铃薯全程机械化生产技术、马铃薯高效灌溉技术、科学施肥技术等综合技术 10 余项。建立核心试验区 20 个，技术示范区 25 个。

首次在辽宁地区推广马铃薯的全程机械化生产技术，引进推广了马铃薯播种机、覆土机、杀秧机和收获机，提高了马铃薯生产效率，每亩可节省成本 400 元以上，是一项深受农民欢迎的先进技术。确定了辽宁省各个马铃薯主产区的种植模式和马铃薯的最适种植密度，优化了各项目区的品种布局，指导项目区马铃薯生产科学施肥、高效灌溉，提高了马铃薯的种植效益和复种指数。

据了解，马铃薯高效复种模式和马铃薯全程机械化技术在项目区共举办技术培训班 28 次，培训农户 16 500 人次；印发《马铃薯高效栽培技术资料》《马铃薯高效栽培作业历》等技术资料 20 000 余份。累计推广马铃薯 258 万亩，新增经济效益 10.543 亿元。

🎬 案例二

辽宁省农业科学院玉米研究所"双百工程"纪实

辽宁是我国的玉米主产区之一，也是全国重要的玉米制种基地，作为辽宁玉米产业科研发展的核心力量，辽宁省农业科学院玉米研究所的专家团队始终不忘初心，牢记使命，为进一步促进辽宁省乃至全国玉米产业的良性发展贡献着力量。

近年来，以王延波研究员为学术带头人的育种科研团队，在早熟耐密玉米新品中选育与推广，玉米综合群体改良与应用、玉米高产高效生产理论及技术集成等方面，做了大量开拓性工作，并取得了一批原始创新的科技成果。2017 年 6 月，耐密型玉米新品种辽单 588 转化推广项目入选沈阳市科技局 100 项重大科技研发项目和 100 项科技成果转化项目，成为近年来辽宁省农业科学院玉米研究所育种领域的新突破。

受访人：辽宁省农业科学院玉米研究所副所长叶雨盛、辽宁省农业科学院玉米研究所研究员孙甲、辽宁省农业科学院玉米研究所研究员肖万欣、辽宁省农业科学院玉米研究所研究员王大为及相关技术人员叶雨盛：玉米品种辽单588，是我们所近年育成的一个重要玉米品种，也是我们在种植玉米方面的一个重大突破，在后续的推广过程中也得到了省内龙头企业——辽宁东亚种业有限公司的青睐。辽单588玉米品种的经营权已成功转让给东亚种业公司，借助东亚种业公司健全的推广网络，辽单588在生产当中的作用进一步得以显现。

辽单588为粮饲兼用型玉米新品种，具有耐密、抗倒、宜机收、高产优质、广适等特点。2015年其通过国家审定，并在辽宁多地试种过程中均表现出良好的生长态势及产量。

孙甲：经过四年的推广，辽单588在全国推广面积在600万～700万亩，给社会增加了经济效益在7 000万元至1亿元。辽单588的选育给农民企业还有社会都作出了非常大的贡献。

为进一步提升辽单588制种规范，辽宁省农业科学院玉米研究所研制并发布了《提高玉米亲本种子活力生产技术规程》和《提高玉米杂交种种子活力生产技术规程》。辽宁省地方标准最大限度保证了粮种质量，实现了辽单588及其亲本种子生产的全程标准化，并针对其品种特性配套了《玉米平作宽窄行种植全程机械化技术》，实现了辽单588播种施肥管理、杂草防治、收获和秸秆还田的全程机械化管理。

密疏密增产技术

从密疏密到平作宽窄行

肖万欣：在这个技术之前还有一个技术就是，玉米密疏密种植技术，和这个技术相比玉米平作窄行的技术更利于机械化操作。我们研究了不同的宽窄行的行距，有 40 厘米、60 厘米的，还有 50 厘米、60 厘米的，包括跟等行距相比，最后我们筛选出来了窄行 40 厘米、宽行 80 厘米这个幅度，增产效果是最好的。

王大为：前期整个辽宁省的玉米产区，都经受住了"利奇马"台风的影响，辽单 588 这个品种呢就表现出来非常强的抗倒性，而且是持绿期比较长的一个品种，它几乎能够一直保持到灌浆末期和收获的时候，它整株的叶片都是绿色的。今年这一片地，辽单 588 和平作宽窄行技术结合了起来，我们把良种与良法相配合，更加体现出辽单 588 抗病、抗倒的优势。

与常规垄距种植相比，玉米平作宽窄行种植全程机械化技术，可实现平均增产 7.3%、肥药用量减少 6%，有效减少了辽单 588 用工成本，提高籽粒品质和市场竞争力。项目实施至今，辽单 588 这种技术和配套栽培技术各环节均有规程支撑，其技术水平已逐渐由省内领先，向国内领先稳步迈进。

技术人员：玉米平作宽窄行现在推广至少 10 万亩以上，玉米是高光照作物，光照越久产量越高，就是用宽窄行之后增加了它的光效，促使产量提升，提升的幅度在 5%～8%，常规的要想达到这个产量，复合肥要用到 65～75 千克/亩，这个呢就是 50 千克加上 1.5 千克的纳米硅，或者加上 10 千克的生物菌肥，产量更高。

目前，辽单 588 玉米品种配套平作宽窄行种植，全程机械化技术的产业发展体系已在辽宁多地大面积推广，均已表现出良好的预期效果。同时，该品种与配套种植技术已形成产学研有机结合的完整发展链条，并将全力助推辽宁省乃至全国玉米产业的蓬勃发展。

"双百工程"项目已开展成果宣传报道情况统计表

序号	标题	媒体名称	宣传方式（电视、报纸、广播、网络）	发布日期
1	玉米平坐宽窄行模式可以尝试	《致富大篷车》	辽宁广播电视台乡村广播	2018.10.15
2	种植新技术助农民抗旱增产	《辽宁新闻》	辽宁广播电视台卫星频道	2018.11.12
3	当好品种遇上好技术	《金农热线》	辽宁广播电视台乡村广播	2019.9.30
4	瓜果飘香 虾蟹肥美 我省农民喜获丰收	《辽宁新闻》	辽宁广播电视台卫星频道	2019.10.7
5	我省玉米籽粒机械直收大面积推广技术条件已成熟	《辽宁新闻》	辽宁广播电视台卫星频道	2019.10.23

网络农业科普服务于有农业专业需求的特定人群，社区化特点明显，特定人群的价值也决定了网络农业科普的价值。不过，不同的区域品种的种植模式、管理方法、品种选择都有很大差别，选到适合自己的科普内容，才是最理想的结果。

第六章　短视频和直播推广

按照一般的说法，短视频元年是 2014 年，直播元年是 2016 年。

短视频的发展分为 3 个阶段：2013—2015 年，短视频逐渐进入公众视野；2015—2017 年，各大互联网巨头围绕短视频和直播领域开展争夺，电视、报纸、广播、期刊等传统媒体也加入这场大潮；2017 年至今，短视频和直播垂直细分模式全面开启。

近几年，短视频和直播在互联网上占据重要地位，大量的内容创造者成为短视频和直播产业链的核心。短视频和直播平台是内容的生产场所，一般生产者都会在平台内外进行多渠道分发。

 一　信息嫁接新出口　农业科普片段化

在以互联网为依托的新媒体领域，所有人的眼睛都盯着未来，似乎昨天一旦过去，就没有什么意义了。

社交媒体的普及和大众科普的普及本身都是好事，但是社交媒体相较于传统媒体，常常习惯以流量为核心捕捉大众的关注点和情绪共鸣点，科普本身的前后脉络容易被舍弃掉，农业科普也趋于片段化。

过去，依照北方农村传统的差序格局，受血缘和地缘的影响，一个人也许只在一个小村庄或小城市里活一辈子，接触到的人很少。然而如今，人们似乎在忽然之间就和网络另一端的众多人群建立规则、秩序和沟通、理解，这是北方传统的农村与现代农村最大的差别，互联网加速了对原有差序格局的打破。

农业科普的来源和路径也变得前所未有的丰富与混乱。实际上带来的后果是，广大农民获取知识的时间成本和渠道成本并没有减少而是增加了，很多重复的农业科普信息占据了广大农民的时间，信息的差异也给农民带来选择上的困难，农民的鉴别能力、判断能力都要随之而提升，综合素质得到被动的提升。

片段化黑土地流行风的农业科普案例如下。

📽 文稿一

主持人抱着一堆玉米上场

画外音：今年玉米又丰收啦？

主持人：可不，多亏了辽单 502 啊。

农民 1：辽宁省农业科学院培育，出身好，更放心。

农民 2：穗位低，抗倒伏，不得病。

农民 3：红轴半马齿，米质好，产量高。

主持人：出籽率高，每亩地最高能达到 2 000 斤呢。辽单 502，高产更带劲儿！

📽 文稿二

人物：二明白、胖丫、大才子

道具：毛巾

大才子趴在墙头上观察

胖　丫：看见没呀？

大才子：（回头对胖丫）小点声，让人发现了呢？

胖　丫：下来下来，给领导汇报一下侦查结果来，姜大爷有啥反常的地方没有？

大才子：（顺着梯子下）没啥反常的啊，还跟以前一样，一天净整邪乎事。

胖　丫：别扯了，他要那样他家那苞米产量咋能那老高呢？你就是没好好给我盯着，去去去，赶紧上去接着侦查去。

二明白：（路过，发现情况不对，退回）胖丫、大才子你俩干啥呢，鬼鬼祟祟地偷窥人家姜大爷干啥呀？

胖　丫：哎呀妈呀，二明白哥，你小点声（推着二明白走远，大才子跟上）。

二明白：你还说我呢，就你这嗷的一嗓子，要是让姜大爷听见了，能给他吓出心脏病来，到时候还不得赖上你俩啊。

胖　丫：哎，二明白哥你还不知道呢吧，最近姜大爷卖玉米挣老钱了，小楼房都盖起来了，瞅得我直眼红。

大才子：可不是嘛，你说姜大爷跟胖丫家玉米地面积差不多大，产量咋能差那老些呢。我估摸着他肯定有啥咱不知道的招，刚才俺俩不就在那侦查呢嘛，看看他有啥秘方。

二明白：你俩让我说你俩点啥好呢？一天就整那歪门邪道的，姜大爷家玉米种的是《北方新农村》推荐的新品种——辽单502。这辽单502一般地块亩产能达到850千克，高产地块能达到1000千克，就这产量，你俩那玉米能跟人家比啊？

二明白：不光是产量高，这辽单502啊秆高、穗位低、株型紧凑、抗倒伏、抗病性还强，什么玉米大斑病啊、丝黑穗病啊、茎腐病啊，它都不得，好伺候着呢。

胖丫、大才子对视：还有这好品种呢？你咋不早告诉咱俩呢？

二明白：我咋没告诉你俩呢？早告诉你俩多看看《北方新农村》，那里头天天介绍能挣钱的好品种，你俩不往心里去，这家伙让隔壁姜大爷听去了，人家看完就发财了呗。

 文稿三

沈玉35之《乡亲去哪儿》

编导：祁志萍　　摄像：龙泽　　人物：二明白、大才子、胖丫、小媛

小　媛（台上主持）：亲爱的乡亲们，大家好！欢迎收看大型综艺节目

《乡亲去哪儿》，我是小媛。本节目由好种子放心买的辽宁黑土地冠名播出。今年夏天，乡民们最关注的位置，《乡亲去哪儿》全村冠军的席位就要出炉啦。是的，在这个舞台上决定冠军席位的就是在场的观众和电视机前的您。好了，下面有请全村三强来进行最后一个环节的PK，分别讲述他与沈玉35的故事。

二明白（出场，从兜里掏出大苞米，打招呼）：大家好，我是二明白（提提眼镜，眯眯眼，做发言状）。种植春风吹满地，质量产量跨世纪，几场干旱没咋的，沈玉35真争气。俺家沈玉35就是俺的知己，长筒形果穗（用手比划自己的身高）不空秆、不突尖（比划自己脑袋上的头发），结棒均匀（比划自己的身形），棵棵都有穗（用手敲胸脯），和俺一样，货真价实，有才华，希望大家伙向我开炮，投我一票。

胖丫（出场，接过二明白手中的苞米，兰花指手势娇媚的打招呼）：乡亲们好，我是大家喜爱的胖丫，我和沈玉35有着不解之缘，沈玉35就像我一样，是粉红轴的（摆弄摆弄粉红色的衣服），底盘大（做手势形容自己大吨位），重心稳，还抗倒伏。你看它和我一样都非常饱满，肯定都高产。希望大家像支持沈玉35一样，支持我胖丫。

大才子（出场，从口袋里抠抠搜搜的拿出一个破本子打开）：沈玉35，谁种谁幸福。（场外音：先自我介绍）我是沈玉35（停顿一下）的好朋友大才子，我第一次见到它，就被深深吸引了，籽粒饱满粉红轴，抗旱抗涝，虫害走走走。（场外音：再走走到阿联酋了）我身体杠杠好，它也不生病，玉米大斑病、小斑病、叶斑病、青枯病、丝黑穗病都～都～都不得。（场外音：沈玉35好还是胖丫好？）都好。（愣一下，慢慢扫一圈观众）再～再～再见～

小　媛：台上三位选手真是说得非常棒啊，乡亲们，赶紧拿起你手边的电话给二明白、大才子、胖丫投票吧，想知道最后的结果吗，下期《乡亲去哪儿》不见不散。

片段化的农业科普方式，往往更注重形式对内容的包装，借鉴娱乐化的方式、结合东北幽默的语言风格，将核心科普内容融入风趣的对话或者有趣的故事中。这种科普方式旨在吸引广大农民的注意力，让科普信息在喜闻乐见的场景和对话中呈现，科普推广在潜移默化中完成。

二 短视频分发 基于算法的传播

一般情况下，短视频平台的内容分发方式有三种：算法分发、社交分发、人工分发。

算法分发顾名思义，是利用算法来分析用户偏好，为用户推荐可能感兴趣的短视频。目前，大部分短视频平台都采用算法分发，由系统来进行推荐。

社交分发，是利用用户的社交关系来推广短视频。比如以微信视频号为例，就是信息产品的社交分发，依托于微信通信录的社交关系进行内容分发。

人工分发，是利用人力来审核分发短视频。尽管各大平台都开启了智能推荐系统，但是人工推荐的内容，依然发挥着重要的作用。

短视频成为农业科普的主要形式

一般情况下，短视频消耗的是用户的碎片时间，就像电梯广告一样，把大家无聊的时间给占上了。短视频也常常扮演着化解疲劳的作用，所以内容一般会带有一定的娱乐性，短视频的内容也常常会与热点有关，还会有一定的故事性、互动性，而且优质的短视频常常是画面讲究和情节生动的。

短视频力求把一件事说清楚

短视频一般时长 5~60 秒，就能把一件事情说清楚。农业科普类的短视频往往会在这几十秒的视频内放进 1~3 个科普知识点，有的时候是农业生产常识，也有的时候是农业技术提醒，用字幕＋画面或者画面＋语音等方式呈现农业科普内容，让广大农民更好地理解和接受。

三 直播年代 拓宽行业科普渠道

算起来，互联网 App 秀场直播、教育直播、电商直播到现在也不过 6 年时间。6 年前，估计没有人能想到我们每天会在直播间蹲点看主播讲资讯、小黄车下单买东西。特别是以"打赏＋带货"两条腿走路的快手平台，主打下沉市场，起步晚、发展快，吸纳了庞大的"小镇青年"群体，这个群体也是农业科普的主要受众。

那么，在直播间里到底该唠点啥？垂直细分领域的行业科普内容有没有受众的土壤呢？没有才艺、没有秀场、没有唱歌跳舞的科普直播间，会不会有人驻足呢？答案当然是肯定的。

在"黑土地·科普三农"的直播间，有一个重要的内容就是农业科普，你还别觉得农业的科普枯燥，"黑土地·科普三农"的直播间，那是相当有意思！实时在线 300～1 000 人，全场观看人次超过 3 万人。这些数据似乎不那么起眼，但是日积月累，一年下来也是近千万的观看量，拓宽了农业科普的渠道，

"黑土地·科普三农"开启直播科普模式

释放了农业科普的无穷魅力。

自 2020 年以来，每周三、周五的下午，是各领域农业专家与"黑土地·科普三农"直播间老铁们不变的约定！快手"黑土地·科普三农"直播间里热闹有序，专家老师们也温暖登场，全国知名的玉米育种专家王延波老师来了，掌握特种玉米、爆裂玉米国际领先技术的史振声老师来了，国家水稻原种示范课题的主导人王伯伦老师来了，沈阳农业大学的果树专家刘国成老师来了，反刍动物养殖技术专家韩宇民老师来了，阳光养殖模式的发明人郭廷俊老师来了，全国五一劳动奖章获得者、辽宁省农业科学院玉米研究所的栽培专家赵海岩老师也来了，还有辽宁省农机流通协会、辽宁省邮电设计院的数字化农业专业人士，一位位权威专家老师的登场，在"黑土地·科普三农"的直播间里描绘出闪亮而紧贴时代需求的智慧农业谱系。通过在线讲解农业生产技术难题，吸引并打造着一支支懂农业、爱农村、爱农民的三农工作队伍，有利促进了农业科技信息服务平台的发展，以实际行动助力，推进乡村振兴。

快手常态直播开篇语及节目架构

时长：2 小时

主播：二明白、小媛

二明白：大家好！我是主播二明白。

小　媛：大家好！我是主播小媛，每天中午 1 点与您在快手直播相约！

二明白：黑色的土地孕育金色的希望，快手直播——"黑土地·科普三农"，将及时讲解农业技术、解读惠农政策、分析市场行情，推介大家喜欢的优质农资产品！

小　媛：我们还会帮大家解决买难、卖难问题，您那有什么特色的农产品、优质的农产品想对外出售的，我们帮您吆喝。

二明白：大伙儿赶快关注我们的快手直播间，每天精彩的直播节目陪着你。

小　媛：所以呀，我们的快手直播就是您最最可心的三农好助手！离您最近的好朋友！

"黑土地·科普三农"入选快手农技人项目

直播间是消磨时间的地方，究竟要给大家提供什么内容好？"黑土地·科普三农"的直播间令人难忘而有意义。先不说卖了多少货、涨了多少粉丝，我们一堂堂科普课，给主播和直播间观众带来了丰富的营养。

那么，大家在"黑土地·科普三农"直播间消耗的时间要转化成什么呢？我们可以自信而又自豪地说，我们给大家带去了足够的信息、足够的养分、足够的正能量！

直播间的主要话题是惠农政策的解读、农产品行情的分析、农业生产技术的讲解。很多用心搞种养殖的农民大户、合作社代表们，他们愿意到直播间一探究竟，了解最新的资讯。主播二明白、小媛每天直播前拿出大量时间做足功课，就为直播时能给大家带来更多的实用信息。他们一度在直播间直接与当地农业部门连线，为大家播报最及时的补贴发放信息，这个时候也是直播间热度最高的时候。他们也会把权威的农业专家请到直播间，核心技术现场解答，那些用心听的、认真领会的、学以致用的农民，都得到了良好的回报。有个农户在直播间高兴地说，按照直播间推广的模式种玉米，今年多收了 30 多袋子的粮食，相信科技、善用科技，真的能转化成钱呢。

　　未来，"黑土地·科普三农"将继续坚持。

"黑土地·科普三农"获得荣誉

四 小黄车　承载新的科技成果

小黄车是直播电商小店的代名词，在直播平台，农业科技成果转化的出口也是小黄车。以快手号"黑土地·科普三农"的小店为例，从建立的那一天起就奔着打造百年老店的想法去的。因为运营这个小店的团队是专业的农业新媒体团队，20年的媒体宣传经历，赋予这个小店更多的三农情怀和责任。所以，"黑土地·科普三农"的店铺都是精心筛选的农业科研院所的科技成果转化产品。每个产品的上架都经过三道关，专家的产品质量关、团队的市场筛选判断关、还有快手平台的产品资质关，三个关口层层把关产品质量更有保证了。收到好评就是水到渠成的事情了。不必强求，做到最好就能静待花开。

最喜欢直播间语音和文字的好评，一句浓浓的东北方言的评价，"你们推荐的品种忒好了""妈呀，这大玉米棒子结的，把别人羡慕坏了""每年都是收80袋子粮食，今年收120袋子"……你一句我一句，说得主播小媛和二明白这个开心呐，直播间里也特别热闹，也会问家哪的？咋种的呢？真厉害呀！这些评价余音绕梁久久回荡，主播们直播的劲头更足了。最难忘订单用户在后台的评价，有的是说家里地动迁了，买的种子可以退不？客服赶紧回复，快手平台很给力，自己点击退款就行，退款也会很快到账。打消客户的顾虑，让客户的钱款来去自由。有的地址电话写错了，发来消息嘱咐客服邮寄的时候帮改正一下。当种子种植反馈在后台呈现的时候，又是深深的激动和自信满满。大家感受到了自己身上的责任感，客户的好评就是前进的动力，乐此不疲，期待更多人的认可和支持。

1. 有了这个功能，商场柜台搬到直播间来

回想一下，也不知道从什么时候起，快手小店就多了商品讲解功能，刚用的时候不觉得怎样，随着时间的推移，真的觉得这个商品讲解的功能太强大了，实用、有效、生动、鲜活，仿佛把柜台搬到了直播间。

之前，维系主播和消费者的就是一个形象的黄色小购物车，颜色虽醒目，但毕竟面积仅占手机屏幕的几百分之一，即使点开以后是如《桃花源记》介绍般的豁然开朗、别有洞天，但不知道的观众还得找一会儿才能看到这个小黄车，那辛苦的主播就得反复在直播间重复，"小黄车下单、点击小黄车、点击屏幕下方小黄车"，快手上成千上万的主播宣传推介小黄车，大家对小黄车的

认知度确实是快速提高的，但是总还似乎欠缺点什么。

欠缺点什么呢？仔细想想，是那种柜台里外挑产品看产品、咨询产品的感觉，很多人还是希望有个商场柜台那样的场景。这回好了，商品讲解的功能横空出世，好家伙，一个产品占手机屏幕十分之一，甚至能罗列好几个产品，柜台琳琅满目，明晃晃打动人们的心，就看那小黄车不停在游走，大家都抢着下单。快手和商家的愿望得以实现，销量直线蹿升。

商品讲解功能、选产品显示功能、销量播报功能等这些，都给直播间营造了非常好的销售氛围，打折热卖、活动促销、新品推介，主播忙得激情澎湃，客户选得不亦乐乎，既是一场销售，也是一次会面，还是一次交流。情感交流和产品讲解都具备了，这样的销售，商家和消费者都很喜欢。

小黄车，也搭载着一项项新的科技成果，走进千万农户家。

2. 粉丝不在多，在乎精也

历时三年，"黑土地·科普三农"的快手号逐渐积累了十几万的粉丝，这个粉丝量在大主播眼里不值一提，区区十几万，在庞大的快手平台上，也非常渺小。扪心自问，团队人员依然颇感自豪，粉丝不在乎多，在乎精也，这里的精就是精准粉丝。

说"黑土地·科普三农"精准粉丝多，是有依据的，直播间与才艺主播、情感主播、销售主播的直播间比起来，似乎热度不那么高，更多的是娓娓道来的讲述，丝丝入扣的讲解，耐心细致的提醒。在"黑土地·科普三农"的直播间，能了解到最前沿的农业技术、最新鲜的行情信息。如果你关注三农，从事三农领域的工作，那么到"黑土地·科普三农"的直播间就特别适合。可以说，粉丝都是对三农事业有需求的人。

"黑土地·科普三农"涨粉不太快，每周千八百人，几个月涨一万，不是那么快速的增长量，但是来的人就不想走，他们的需求也比较一致。慢工出细活，直播间就脚踏实地，凝聚出一个团结快乐的三农大家庭，让三农人士了解农业科技、信赖农业科技、接受农业科普。

第七章　传播矩阵　捕捉受众

为了更好地推进农业科普工作，一些三农领域行业自媒体都开始搭建自己的媒体矩阵，在图文、搜索、短视频、直播等不同平台推出相同的内容，吸引三农领域的粉丝和受众。帮助农民获得先进的农业技术，拓宽农民视角，实现用新思维致富的梦想。同时也让城市更了解农村，发现不一样的农村，实现城乡的进一步沟通。

大数据
——一手科技　一手农民

过去几年间，大数据逐渐从一个热门概念落地为可助力各个行业的具体业务。无论是互联网公司还是传统企业，都在迎接数据带来的改变，农业科普领域也不例外。通过数据进行对比、利用数据进行科普推广逐渐成为常态。

以辽宁省农业科学院不同生态区玉米绿色增产增效技术研究为例，结合不同生态区产量限制因子，重点从主栽品种筛选、提高水资源利用效率、减少化肥和农药施用总量和秸秆还田障碍等玉米生产实际问题开展核心技术研究，整理出农业科普的数据。

1. 辽中北半湿润雨养区节肥技术

通过"玉米节肥关键技术研究"，有机肥替代 20％氮肥处理较常规施肥增产 3.7％。从经济效益来看，在肥力较高区，第一年不施氮肥和减氮

10%～30%处理都能增加纯收益,较常规施肥处理增收8.0～27.4元/亩。使用农家有机粪肥替代20%氮肥处理也可增加纯收益。通过"增密减氮对春玉米产量形成的影响"试验,筛选出4 500～5 000株/亩密度时,当氮素用量减少10%(长效复合肥:N 30%、P_2O_5 10%、K_2O 12%,用量40.5千克/亩)时,郑单958、辽单588和中元128均表现产量提高,分别比常量施肥下增产0.23%、1.05%与3.06%。通过"玉米简化节约高效施肥技术研究"得出,在沙壤土施氮量14千克/亩较为适宜,减氮会影响产量;同时一次性施肥会影响玉米生长发育,进而影响玉米产量的形成;与其他处理相比,控施尿素处理产量较高(827.0千克/亩),每亩成本是123.4元,获得较高的经济效益(951.7元),实现了增产增效。

2. 秸秆还田技术

通过"秸秆还田模式下最佳施氮量的研究"得出,秸秆还田后可显著提高土壤含水量8%以上、降低土壤容重10%左右,"600千克/亩秸秆还田+纯氮22.5千克/亩"可显著提高昌图县、开原市和铁岭县区域玉米产量。通过"秸秆腐熟剂+尿素对全量秸秆还田的影响"得出,附加秸秆腐熟剂5千克/亩和尿素3千克/亩的秸秆全量还田处理产量为867.7千克/亩,比对照增产35.5千克、增收42.72元。通过"玉米秸秆覆盖还田地力保育技术"得出,半量秸秆覆盖还田(300千克/亩)产量较高,是海城市和台安县区域最适宜的秸秆还田模式。

保护性耕作秸秆还田

3. 平作增密宽窄行机械化种植技术

通过"平作宽窄行全程机械化栽培技术""机械化深松整地技术""机械化精量和半精量播种的简化平作宽窄行播种技术""肥料侧深施用技术",提高种植密度 10%～20%，减少病害发生率 20%～30%，增产 6.5%～9.3%。

平作宽窄行增产潜力大

这些能说话的数据，实现了对客观事实的逻辑归纳。数据意味着更为精确的内容，也更具科普说服力。如果对数据进一步挖掘，通过数据的汇总和分析，数据已经不仅仅是科普内容的补充和佐证，而是成为农业科普的一个重要组成部分，大数据的浪潮得以让农业科普技术更加理性和可信。媒体人作为最先能触摸到时代和技术脉搏的一个群体，应该更积极去接纳这个新技术新领域，因为互联网短暂却血雨腥风的发展史一直在教育我们，历史潮流不进则退。在移动互联时代，报道中恰当地利用数据会让信息简明直接，易接受，易传播。而阅读反馈等相关数据，可以让我们更好地了解受众的阅读偏好、使用习惯等，也可以让我们制作的内容更有针对性。

我们会关注阅读量和点击量，但并非是我们关心的唯一数据。当然，我们会根据数据反馈的情况适当调整内容的表现形式，让受众更易接受。但对待严肃新闻，比如调查类的报道，我们的表达就必须符合专业、理性、客观、逻辑严谨等这些报道原则，而不能被阅读数据所左右。

二 点赞我家乡 打通全媒体链条

2020 年春节过后，受新冠病毒感染疫情影响，辽宁省部分鲜果蔬菜等农副产品出现滞销。针对这一情况，辽宁卫视快速反应，推出大型公益特别栏目《点赞我家乡》。栏目于 2 月 28 号紧急启动，3 月 20 日正式上线，每周五晚 21:15 在辽宁卫视播出。

辽宁卫视《点赞我家乡》栏目

通过《点赞我家乡》栏目，辽宁卫视完成了一次超短时间、较大体量、独立研发制作、原创公益真人秀栏目从无到有的历练和实践，过程有苦有甜、有泪水汗水、有磨合争执，但实现了栏目的完美呈现和网络销售量喜人的效果，其核心是一定程度解决了因疫情引发的农产品滞销问题。

1. 栏目样式

栏目邀请各地第一书记作为家乡代言人，邀请具有强带货能力的网络带货达人为销售嘉宾，与辽宁卫视的主持人实地探访，挖掘当地产品特点和产业特色以及人文情况。通过网络直播和电视节目推销各地滞销的农副产品和地方名优特产品。在爱心助农的基础上，倡导品牌兴农，努力提升当地产品知名度，培育家乡品牌，助力国家精准脱贫和乡村振兴战略。

栏目开播后，反响热烈，得到各界认可。栏目也得到中共辽宁省委组织部、辽宁省扶贫办、辽宁省农业农村厅、辽宁省商务厅的支持配合，栏目也首次联手京东智联云和京东数字产业园进行合作。

2. 节目运营模式

《点赞我家乡》栏目不仅仅能实现对产品的品牌宣推，还能直接帮助农户销售产品。通过网台联动、媒体融合的方式，打造一次实地探访、两次网络直播、三次线上销售的带货模式。

第一轮销售：首期直播地点在锦州市义县瓦子峪镇五间房村，主要是帮助当地销售滞销的30万千克京白梨，直播时间在2020年3月16日19：00—21：00，首期为辽宁卫视主持人孙琳与带货达人大石桥联盟韩41、张禾禾、乐乐四人实地探访，之后，他们分别在快手、京东商城两个平台展示销售产品。此次直播实现产品的第一次销售。

第二轮销售：《点赞我家乡》栏目3月20日21：15在辽宁卫视播出，每期节目45分钟。在辽宁卫视黄金时段的45分钟节目大大提升了农产品的知名度，并可以通过屏幕二维码实现第二次销售。节目播出后，辽宁省自然资源厅和中国人寿辽宁分公司等多家单位去义县五间房村购买京白梨，实现了二次销售。

网络带货达人爱心助农

第三轮销售：短视频分发和节目公众号推广。节目依托频道和自有公众号形成新媒体矩阵，通过短视频和文图的分发与链接，实现产品的第三次宣推和销售。

解说词一（30秒）

一场突如其来的疫情，让农副产品陷入滞销的困境。

种植户1：没人来收购。

种植户2：眼瞅着烂了。

抗击疫情，爱心助农，辽宁卫视推出大型台网融合公益助农栏目《点赞我家乡》，为农副产品架起一座通向市场的桥梁。

驻村书记：我为我的家乡代言！

驻村书记：您购买的每一份产品，都是您献出的爱心！

振兴路上我们携手战"疫"，全面小康路上我们一起爱心助农！

《点赞我家乡》公益助农栏目

解说词二（3分）

爱心助农，携手同行！

辽宁卫视推出大型台网融合公益助农栏目《点赞我家乡》！

同期声：

张禾禾：点赞我家乡，

陈齐乐：让我们一起，

韩　41：为家乡点赞。

孙　琳：爱心助农，为农副产品架起一座通向市场的桥梁。

同期声：我为我村特产京白梨代言！

同期声：我为官宝大米代言！

同期声：我为家乡的苹果代言！

同期声：我为家乡的地瓜粉代言！

《点赞我家乡》栏目，在爱心助农的基础上，倡导品牌兴农，努力提升当地产品知名度，培育家乡品牌，助力国家精准脱贫和乡村振兴战略。

同期声：吕景军 京白梨不能扔，还留着。

《点赞我家乡》栏目，通过网台联动，媒体融合的方式，打造一次实地探访、两次网络直播、三次线上销售的带货模式，通过网络直播和电视节目播出，最大化推广滞销农副产品和地方名优特产。

同期声：营口合作社 学会了电商带货这种模式。

《点赞我家乡》栏目致力于帮助贫困地区产品变产业、产值变价值、流量变销量，"绿水青山"变"金山银山"；致力于直接带动贫困地区农产品的交易量、田间成交价格、农户收入三增长，努力推动广播电视和网络视听内容传播与贫困地区经济发展的有机融合。

北国风光依旧，长子情怀满盈。

同期声：《点赞我家乡》栏目让我们一起为家乡点赞！

振兴路上我们并肩前进，

全面小康路上我们一起爱心助农！

辽宁卫视《点赞我家乡》栏目，从 2020 年 3 月 16 日起，到 2020 年 8 月 26 日，通过直播带货＋微信公众号推广＋电视纪实真人秀节目宣传的方式，总计播出 22 期节目，每周一期，每期节目 45 分钟，宣传并销售了义县京白梨、康平地瓜和大米、朝阳县小米和蜂蜜、宽甸蓝莓和香菇、西丰茧蛹和大樱桃、岫岩香菇和杂粮、建平县小米露和文冠果油、彰武山药和黑豆、营口网纹瓜和鹅蛋、凌源杏仁、蜂蜜及百合花等，共帮助贫困地区直接销售了 700 万元的农副产品。

截至 2020 年 8 月 26 日，在全省 15 个省级贫困县（区）（康平、岫岩、新宾、清原、桓仁、义县、阜蒙、彰武、西丰、建平、喀左、北票、凌源、朝阳、建昌）中，《点赞我家乡》栏目已走过义县、康平、朝阳、西丰、岫岩、建平、彰武、凌源 8 个县（区）。采访拍摄累计行程超过 1.5 万公里。

《点赞我家乡》栏目在义县直播推广农产品

　　助农案例：经过对义县五间房乡五间房村第一书记吕景军的回访，五间房村滞销京白梨共计 30 万千克，经过节目播出及直播宣传推广，5 月已销售出 22.5 万千克，吕景军书记告诉我们，到 6 月中旬，剩余 7.5 万千克京白梨都已销售出去，彻底解决了滞销问题。通过线上线下销售，节目组直接为五间房村村民增收超过 15 万元。吕景军书记高兴地说："乡亲们都要扔到河沟子里的梨又换成钱了，高兴着呢！"

　　《点赞我家乡》公益科普助农栏目，实现了快速启动、直击痛点、针对贫困地区、拉动电商推广的良好效果，为打赢辽宁省脱贫攻坚战作出了不懈的努力。《点赞我家乡》栏目以解决农产品卖难为突破口，以拉动农产品销售实施农业科普，引导乡村百姓突破自我，接受现代农业推广模式，投身农业现代化、规范化生产。栏目在 2020 年脱颖而出，被纳入国家广播电视总局"智慧广电专项扶贫行动"项目中。

第四篇 ◀◀◀

携手　超越
服务三农　逐梦前行

（2021年至今）

在很多人心中，乡村是一个记得住乡愁的地方。人们喜欢乡村的人和自然环境，喜欢乡村宁静的氛围。但是，今天的乡村正在数字化的发展中发生巨变，这也是一个重生的过程。更多的农民群众换了一种方式与自己的家乡建立新的联接。乡村的变化主要体现在几个方面：

一是农村土地流转加剧。农业用地在土地承包期限内，可以通过转包、转让、入股、合作、租赁、互换等方式出让经营权，鼓励农民将承包的土地向专业大户、合作农场和农业园区流转，发展农业规模经营。

二是农村劳动力人口骤减。土地流转过后，农民闲下来，年轻人均选择外出打工，最后留下的都是老人和孩童。导致农村劳动力人口严重下降，农村空心化现象明显。

三是粮食价格低迷，种植收入减少。玉米种植收入逐年下降，棚菜种植收入也持续低迷，农民种地积极性不高，每年的收入都不尽如人意。

四是农村电子商务兴起。电子商务被广泛应用于农业生产、流通、消费等各领域，农村电子商务成为农业市场化的重要组成部分。

五是农业生产模式改变。农业生产从传统模式转向数字化模式，数字农业将带动农村经济发展，新型模式给农民争取了就业机会，为农民走上创业之路奠定了基础。

第八章 数字乡村 科技渗入

 数字农业呼唤高素质农民

　　近年来，中共中央办公厅、国务院办公厅印发了《关于加快推进乡村人才振兴的意见》和《数字乡村发展战略纲要》，中央网络安全和信息化委员会办公室、农业农村部、国家发展改革委、工业和信息化部、科技部、国家市场监督管理总局、国务院扶贫办印发了《关于开展国家数字乡村试点工作的通知》，中共辽宁省委、省政府出台了关于《辽宁省数字乡村发展规划》的实施意见，全力推进辽宁省数字乡村事业发展和产业发展需要，着力培养"懂三农、会电商、爱乡村"的乡村人才队伍，为推动辽宁数字乡村高质量发展提供有力支撑，也为返乡大学生、退伍军人等十六类人员提供更广阔的发展空间，为城乡融合发展提供智力和行动支持。

　　数字农业呼唤高素质农民，发展数字经济，人才是关键。只有抓住人才"金钥匙"这个痛点施策发力、用好人才，才能在数字乡村领域快速发展、有所作为。通过数字化的整合拉动，有效整合各类资源，促进经济实体的生成和发展，加快建立健全数字乡村人才体系，打造本地乡村精英人才"引进＋选拔＋转岗＋培育"的新机制，为实施乡村振兴发展战略提供人才保障，才能推动数字乡村经济社会高质量发展。

　　乡村振兴到最后还是人的振兴，标志着农民生活水平和综合素养的全面提升。现在，对农民的称呼还处于纷繁杂乱的状态，有新农人、新型职业农民、农民工、进城务工者等。随着信息化、数字化在乡村的普及，广大农民对自身、对社会、对发展都有了更多的思考，也出现了农民群体对城乡医疗统筹、农村社会养老保险、房屋所有权归属等一系列问题的探讨和热议。数字化时代，使得多年来形成的农民群体综合素质不高的现状，正在被快速修正和改善，如今的农民前所未有地希望自己得到全方位的提升和改变。

开展高素质农民培训，可以培养本地农村电商专业人才及高端农企就业人才，培育一批有资质的本地专业技术人才。更好地提升当地三农工作氛围，打造数字乡村人才新高地，进一步提升农民综合素质。

1. 借助专业机构、科研院所的力量培训农民

提高农民综合素养，需要先增加农民的收入，用增收的成果带动农民自主去改变。加强与专业机构和科研院所合作，建立更多的产教融合基地，促进农业科技成果转化，让科技助力乡村振兴，让科技创造更高的效率和效益。

可以在农业专业村、专业合作社设立科普服务站，由科研院所相关领域专家组成科普服务团，进行持续稳定的技术对接和服务，实现百名专家助推百个农业项目，进一步挖掘培养乡土人才，培养新型农业经营主体人才、农业实用人才、农业科技带头人等。

2. 借助数字化全媒体方式加强惠农政策解读、市场行情分析、生产技术科普服务

网络化、数字化时代，农民获取信息的渠道纷繁庞杂，除传统的报纸、广播、电视等信息渠道以外，各种新媒体、自媒体、短视频、直播平台也成为农民获取信息的主要平台，农民对信息的需求也更多样化、全面化。惠农政策、市场行情等信息不对称现象逐渐消失，信息传递速度加快，信息传播的双向流动、互动空前加强。

从农业的产前信息服务、农资供应到生产技术指导、产后深加工、终端产品营销，农民渴望通过各种传统媒体、新媒体平台得到及时准确的全链条信息技术服务。以数字化全媒体方式服务三农，开展农业科普，是一项长久艰巨的任务。

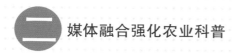

二 媒体融合强化农业科普

新媒体是在数字技术、网络技术和计算机信息处理技术等新技术体系支撑下，在传统媒体的基础上发展起来的媒介样态。有人称之为报刊、户外、广播、电视这四大传统媒体形态之后的"第五媒体"。

以移动互联网技术为支撑的新媒体平台，改变了传统媒体的传播状态，由一点对多点变为多点对多点，融合了社交媒体和大众媒体的优点，受众获得信息的途径更加多元。媒体传播形态快速走向全渠道、全终端、无所不在地传播。媒体内容与受众的关系，也从被动接受变成主动获取，从一对多的大众传播方式变成一对一的精准传播，用户与内容实现更直接的连接与互动。

新媒体的这些优点，使其具有传统媒体无法比拟的传播优势，媒体融合发展，有利于打造新型有影响力的主流媒体。因此，无论是媒体行业本身还是国家战略层面，对媒体融合都予以高度重视。

调查表明，尽管新媒体在渠道上分流了电视的收视，但在不同的渠道和媒介上，受众观看的内容主体仍是广电节目，可以说受众离开电视，但没有离开电视节目。

所以，等待传统媒体的核心任务是内容创新，内容始终是媒体生命力的根本。以农业科普内容为例，传统广电渠道正在积极主动地借助新媒体渠道，努力实现新兴媒体渠道和传统媒体内容之间的互通互融，变成"线上""数据化""开放""共生"的农业科普信息。

《辽宁新闻》每天 18∶30 在辽宁卫视播出

文稿一

【标题】"国家粮食丰产工程"让辽宁省玉米、水稻稳产高产

【日期】2020 年 10 月 14 日

【导语】近日，国家粮食丰产科技工程专家组，对辽宁省粮食丰产科技工程项目核心区进行实收测产，结果显示，在优新品种和科学配套技术的支持下，产量达到预期效果。

【正文】经国家和省内专家测产，建平县黑水镇种粮大户丁瑞波的 85 亩玉米地今年亩产达到 1 218.8 千克。在今年前期干旱，后期雨水偏多的情况下，能取得如此高的产量，让丁瑞波很是意外。

【同期】丁瑞波：膜下滴灌，采用这个模式，咱种的品种是辽单 575，这个品种非常好，抗旱抗倒伏。另外咱如果不采取这个模式的话，每年一般（亩产）一千三四、一千四五百斤。

【正文】位于辽阳灯塔市柳条寨镇的 500 亩水稻核心示范区，今年种植的抗病水稻新品种辽粳 401 也获得高产，平均亩产达到 770.3 千克，增产 12.8%，盘锦市大洼区西安镇的盐丰 47 平均亩产更是达到了 858.9 千克。

今年是辽宁省农业科学院承担的国家重点研发计划"粮食丰产增效科技创新"重点专项的收官之年，"辽宁春玉米粳稻密植抗逆丰产增效关键技术研究与示范"项目，自 2017 年实施以来，辽宁省农业科学院组织 10 家单位的玉米、水稻栽培，植保、土肥、农机等专业科研人员 520 余人，开展基础理论创新、关键技术研发和技术模式构建，为辽宁省水稻、玉米发展提供理论指导和技术支撑。

【同期】辽宁省农业科学院玉米研究所所长王延波：我们知道辽西主要是干旱，我们项目本身就是想在辽西解决水的利用率问题，所以今年我们实施了膜下滴灌和水肥一体化的技术。同时辽西是水少、光照足，所以我们在群体结构上进行了大垄双行的布局。

【同期】辽宁省农业科学院院长隋国民：目前，我们已经开展的研究工作，从各类新品种的筛选、重点研发技术以及黑土地的保护利用，在单项研究基础上，加强技术集成和推广，构成了适合辽宁不同地区的玉米、水稻整个技术生产模式，通过这些技术模式的生产推广和应用，来服务我们

辽宁省整个玉米、水稻产业和农村经济发展。

【正文】粮食丰产科技工程每年在辽宁省建设核心区1万亩以上，辐射带动推广应用新品种、新技术1000万亩以上。本台报道。

这篇2分钟左右的报道在《辽宁新闻》播出后，引起广大农户的热烈反响，1218.8千克的玉米产量创造了当地玉米产量的新高。大家都非常关注，辽西地区普普通通的大苞米为啥能打出这么高的产量，究竟是哪些技术助力了如此高的产量呢？

媒体融合给广大农户带来的便利是，这段2分的电视节目随后就能在北斗融媒App、百度、微信等新媒体上被检索到，电视节目转变成短视频，开启又一轮传播的模式。关键信息"膜下滴灌和水肥一体化"，随后也被农民朋友找到，传统媒体农业科普的意图得以实现。

🎥 文稿二

【标题】阜新：红高粱红红火火迎丰收

【日期】2021年9月18日

【记者】杨玉强、刘雨晗

【正文】红高粱即将收获时节，省农业科学院的专家来到阜新蒙古族自治县旧庙镇新邱村，对青泽高粱专业合作社的5000亩高粱进行测产。

【同期】阜新蒙古族自治县青泽高粱专业合作社负责人刘志：经过专家测量的结果是每亩1600斤，对这个产量非常满意，企业保底回收价格在1.3元/斤，去了成本投入，净剩应该在每亩1500元左右。

【正文】阜新地处丘陵地带，耕地以干旱、半干旱盐碱地为主，适宜种植抗旱耐盐碱的高粱。这几年，青泽高粱专业合作社根据市场需求的扩大，及时转变结构，引导农民种植酒用高粱。辽宁省农业科学院也借助国家高粱改良中心的技术优势，在新品种选育推广、栽培技术研究方面，选育出了适宜酒用高粱的专用品种。

【同期】辽宁省农业科学院高粱所研究员邹剑秋：我们应用高新技术，最终把高淀粉和适宜的单宁含量，把它集中到一个品种当中。

【同期】阜新蒙古族自治县旧庙镇新邱村村民张荣臣：种高粱可以说十年九收，尤其我们这的高粱，阜新这个地区昼夜温差大，米质好，酿出的酒也好也甜。

【正文】地理优势加上品种更新，阜新高粱淀粉含量高、霉变率低，成为十多家知名酒厂的原粮供应基地。

因地制宜选出路能求得更好的发展，辽西阜新利用气候、土壤和种植传统的优势，大力发展酿酒高粱产业，由产业拉动的种植项目稳定且长久。广大农民在这样潜移默化的科普中对农业生产和种植项目都有了更清晰的思考和判断。

文稿三

【标题】我省玉米喜获丰产

【日期】2021 年 10 月 18 日

【记者】杨玉强

【正文】根据国家颁布的《东北黑土地保护性工作行动计划》，我省今年续建保护性耕作整体推进县 12 个，推广保护性耕作 850 万亩。朝阳市建平县黑水镇东台村，今年新建了国家玉米高产创建千亩连片试验田，经专家现场测产，亩产达到了 1 097.05 千克。

【同期】辽宁省农业科学院玉米研究所所长张洋：本次测产结果表明，我们实现了千亩连片吨产的目标，通过籽粒直收，改变了传统的玉米收获方式。

【正文】今年我省粮食大丰收已成定局，粮食总产量预计突破 500 亿斤大关，其中玉米产量超过 380 亿斤，粮食播种面积也较上年增加 21.4 万亩，实现了粮食播种面积只增不减的目标。

这篇报道，为大家科普了农业保护性耕作的行动计划，倡导大家实现玉米连片种植、籽粒收获。

文稿四

【标题】我省水稻喜获丰收 多项水稻测产达到预期

【日期】2021 年 10 月 21 日

【记者】杨玉强、刘雨晗

【正文】在庄河市，4 万多亩"旱直播"水稻机械化收割陆续展开。"旱直播"就是将水稻种子直接播到大田里，由于省时省力，成本降低，近两年在庄河市日益盛行。

【同期】庄河市兰店农场种粮大户鄂文军：和旱种相比，水插秧育苗加上插秧这个环节，预计 1 亩在 850 元左右，"旱直播"应该在 650～700 元。我种了 900 亩地，应该节省了 18 万元左右。

【正文】经专家测产，"旱直播"水稻平均亩产达到了 623.5 千克，与传统插秧种植的水稻基本持平。近年来，我省"旱直播"技术已日趋成熟，这种轻简化的栽培方式也将在全省大力推广。

【同期】国家水稻产业技术体系沈阳综合试验站研究员郑文静：前期我们不需要育苗，也不需要插秧，节省了很多人力物力。另外还有很重要的一点，就是我们节约了大量的水资源，可以带来显著的经济效益和生态效益。

【正文】在盘锦市盘山县陈家镇的全国水稻绿色高质高效行动核心示范区，"稻蟹共生、一地两用"的高效立体生态综合种养模式，不仅让当地农民实现了蟹稻双丰收，还保证了水稻绿色无公害。

【同期】辽宁省水稻研究所研究员韩勇：经过我们测产，现在亩产达到了 688.8 千克，它种植的品种是一个香型的食味值很高的优质品种，从现在产量结果来看，已经达到了预计的目标。

【正文】今年，我省分别在丹东东港市、铁岭开原市、盘锦盘山县，打造了 3 个优质粮食生产示范区，并在每个示范区建设 1 个 100 亩连片的攻关试验区，建设 10 个以上相对集中连片的核心示范区。同时，每个核心示范区周边划定 1 个万亩以上的辐射带动区，有针对性地推广应用绿色、高质、高效关键技术，促进种植业稳产高产、节本增效和提质增效。

【同期】辽宁省农业农村厅种植业管理处副处长白晨辉：全省建设高

标准农田 375 万亩，实施黑土地保护项目 160 万亩，全省发布了 88 个优良品种、44 项关键技术，在这些科技引领和示范带动下，全省的粮食生产水平进一步提高。据初步预计，全省的粮食总产量有望突破 500 亿斤。

上面的内容以庄河市和盘山县为例，对高标准农田进行回访跟踪，号召广大稻农采取新的栽植模式，采用机械化管理方式，确保丰收。

文稿五

【标题】我省深入开展农业种质资源普查　推动种业振兴

【日期】2022 年 2 月 14 日

【记者】杨玉强、刘雨晗

【正文】农业种质资源普查主要目的是全面摸清农作物、畜禽和水产养殖种质资源种类、数量、分布、主要性状等"家底"，完成鉴定评价和入库保存，并对珍稀、濒危、特有的资源实施有效收集和保护。

【同期】辽宁省农业农村厅种业处副处长李磊：开展农业种质资源普查工作是打好种业翻身仗的基础性工作，去年经过全省上下共同努力，收集农作物种质资源近 1 500 份。

【正文】日前，我省确定省农业科学院等 7 家单位为首批省级农作物种质资源保护单位，省农业科学院农作物种质资源库、沈阳农业大学北方粳稻种质资源库等 23 个库（圃）成为我省首批农作物种质资源库（圃）。

辽宁省农业科学院水稻研究所利用生物育种技术开展水稻品种选育的全生育期育种工厂，专家正在利用分子标记辅助等，快速创制聚合不同功能基因的育种材料。其中的抗稻瘟病基因是我省粳稻品种选育的"卡脖子"问题之一，经过 10 年的攻关，这里已经创造出具有 3 个主效抗稻瘟病基因的种质资源 25 份。

【同期】辽宁省农业科学院水稻所副所长郑文静：这些抗病种质资源目前已经被国内外 24 家育种单位引进和应用，在水稻抗稻瘟病改良方面发挥了重要的作用，我们育成的 9 个水稻品种已在田间大面积推广。

【正文】近年来，我省实施现代种业提升工程，推进区域特色种子生产基地建设，成功培育并推广了一大批粮油优良新品种，全省主要农作物良种覆盖率达到 100％。下一步，我省将全面实施种业振兴行动。

【同期】辽宁省农业科学院副院长孙占祥：未来我们将继续加大种质资源的收集力度，同时利用现代分子学分离技术，对种质资源进行精准化评价，有针对性地开展新品种选育，特别是围绕高产抗病新品种的选育工作，争取为我们国家的粮食安全从源头上作保障。

这篇报道强调农作物种业是国家战略性、基础性核心产业，是促进农业长期稳定发展、保障国家粮食安全的根本。2021 年，为期三年的全国农业种质资源普查工作启动，辽宁省收集农作物种质资源近 1 500 份。国家战略和你我相关，农业科普任重而道远。

🎥 文稿六

【标题】我省玉米籽粒机械直收大面积推广技术条件已成熟

【时间】2019 年 10 月 23 日

【正文】今天上午，由中国农业科学院和辽宁省农业科学院联合开展的辽宁玉米籽粒机械直收现场会在铁岭县蔡牛镇张庄农机合作社举行。经过现场收割、测产，百亩集中连片玉米籽粒机械直收破碎率低于 5％，含水量低于 20％、亩产达到 708 千克，各项指标都达到稳产、高产要求。

【同期】辽宁省农业科学院玉米研究所所长王延波：实现机械化收割玉米籽粒这三方面一个也不能少，产量是第一位的，然后抗倒性好，同时收割时候水分含量要低，水分少了才能减少它的破碎损失。

玉米籽粒机械直收具有节本增效、提升粮食品质等多项优点，在欧美国家早已全面普及，但受种植品种、田间管理技术等多方面的限制，我国玉米籽粒机械化直收比例一直较低。辽宁省农业科学院玉米研究所选育出 5 个抗倒伏、降水快、产量高的适合玉米籽粒机械直收的品种，并连续 6 年在铁岭张庄合作社进行试验推广。此次玉米籽粒机械直收，较以前机械化收割玉米棒增收效果明显。

【同期】铁岭县蔡牛镇张庄农机合作社理事长赵玉国：收玉米棒费工，因为玉米棒收回来要费很大的车辆、人工成本，回来之后还得二次脱谷，脱谷1斤还需要2分钱，这样一斤苞米就差将近1毛钱了，一亩地得差上百元了。

经过辽宁省农业科学院和中国农业科学院近10年的联合科研攻关，目前，从品种选择、机械选择、田间管理、肥料管理等配套技术已经全部成熟，具备大面积推广条件。

【同期】中国农业科学院作物科学研究所研究员李少昆：辽宁在东北是热量条件最好的省份，现在还有20%～25%的热量没有被利用，这个热量完全可以被用于我们后期的籽粒站秆脱水，这样把热量资源通过籽粒脱水，降低烘干成本来转化成生产效益，所以辽宁是最适合的。

本篇报道通过前后对比的方式进行农业科普，以往玉米机械收割，大多收的是玉米棒，还要二次脱谷才能变成玉米粒。而2019年这个秋天，在我省铁岭一块玉米田里，玉米机械收割实现了两步变一步，成片玉米直接变成了玉米籽粒。籽粒收获的做法打破农民的传统习惯，改变这种习惯，也需要坚持不懈地科普。因此，也就有了下面几篇持续的报道。

📽 文稿七

【标题】宜机收玉米品种及配套技术得到推广

【日期】2021年10月

【同期】记者刘雨晗（现场）：这里是辽宁省农业科学院的玉米实验基地，这里的800多亩实验田正在进行现场机械化收割。今年选用了小区籽粒收获机进行现场收割，它可以直接读取玉米的产量和水分。

【正文】这种从奥地利进口的大型机械，可以减少机收果穗后所需的储藏、脱粒等环节，直接颗粒归仓，每亩节省成本达到50元，从现场驾驶舱内的显示屏上的数据看，这种适合机收的玉米新品种，收获情况达到了预期。

【同期】沈阳市沈北新区清水台镇农民孙靖富：玉米不用起垄，我1亩省 30 元，我大小垄种，玉米通风，产量上来了，1 亩地照原来增产 200 斤，原来比如亩产 1 400 斤，现在能达到一千六七百斤。

【正文】2019 年，我省启动了农业科技重大专项课题，由辽宁省农业科学院组织实施宜机收玉米新品种选育及配套栽培技术的攻关，经过反复试验，在我省建平县、朝阳县、彰武县、铁岭县等田块，表现出较强的抗旱、抗倒、抗病及高产的技术优势。

【同期】辽宁省农业科学院玉米研究所所长王延波：目前我们省还是以机械化收获果穗为主，收获籽粒这块面积很小，所以我们的目的就是选育机械化收获籽粒的品种，为进一步生产奠定好的基础。

【正文】今年我省玉米生产面积在 3 500 万亩以上，目前这种新品种和配套技术已推广 400 万亩左右，作为我省玉米发展绿色生产的优势技术之一，这种技术将逐步示范推广，达到我省玉米增产增效、稳定粮食生产的目的。

《辽宁新闻》持续报道农业科普　助力乡村振兴

2019 年的玉米籽粒收获惊艳了很多人的眼球，那么这种技术应用得怎么样？推广的面积是否年年增加了呢？2020—2021 年，记者持续关注玉米籽粒收获作业。2021 年 10 月，辽宁省各地玉米陆续进入收获期，由于遭遇春旱、伏旱、灌浆期多雨及三次过境台风，对玉米产量造成一定影响。但是对于应用了适宜机收的新品种和配套栽培新技术的地区，玉米产量不降反增。事实胜于雄辩，这样的科普效果好、深入人心。

第九章 后疫情时代
空中课堂

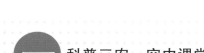

一 科普三农 空中课堂

2020年，一场突如其来的疫情打乱了人们的生产生活，很多行业转至线上，特别是在三农领域，借助新媒体和网络视听的优势，涌现出"公益专题、节目＋技术推广""短视频、直播＋农资服务"等模式，通过全平台联动、全媒体覆盖、专题化聚合、立体化呈现、多样化输出，营造了良好舆论氛围。

线上公益直播节目"科普三农 空中课堂"，在特殊的背景下应运而生，开启和打通了线上推广的通道，通过公益节目、公益行动、短视频、直播等多种手段，宣传推广三农领域新技术、新模式、新品种，解决农业生产领域实际瓶颈问题，让线上网络直播成为农民获取信息的重要渠道，更好地服务基层、服务群众。

"科普三农 空中课堂"的专家团队主要由辽宁省农业科学院玉米研究所的科研、育种、栽培等领域的权威专家组成，他们是王延波、赵海岩、叶雨盛、张洋、王大为、肖万欣、刘祥久、常程、白石、王国宏、陈长青、孙甲等农业科研人员代表。

主讲专家：王延波研究员

主讲专家：赵海岩研究员

主讲专家：叶雨盛研究员

专家们坚持农业科普

辽宁省农业科学院玉米研究所在创新科技成果的同时注重科技成果转化工作，在科技推广方法上不断拓展新思路。围绕辽单系列玉米品种耐密、抗倒等特点，研发出"玉米早熟矮秆耐密增产技术""三比空密疏密增产技术""玉米平作宽窄行全程机械化栽培技术模式"，形成了辽宁省玉米栽培技术地方标准，被农业农村部作为主推技术大面积推广。

"科普三农　空中课堂"直播节目同时也得到辽宁省扶贫办、辽宁省农业农村厅、辽宁省商务厅、沈阳农业大学、沈阳市科技局等部门和单位的支持。

1. "科普三农　空中课堂"常态直播

直播内容：按照时令和季节需求，定期推出大田生产及管理主题直播，确定当期主题、做好嘉宾连线、设计粉丝互动、检验直播效果。

直播时间：每周五下午 13:00—15:00。

直播方式：搭建从直播间到农户手机端的空中桥梁，一头是直播间或演播室的权威专家或嘉宾，一头是由各地区驻村工作队和驻村第一书记组织农民登陆线上直播间，采取主播访谈和现场互动问答等方式开展相关主题直播，营造热烈有序的直播氛围，打造良好的直播效果和直播影响力。

2. "科普三农　空中课堂"现场直播

直播内容：关键技术环节时期，推出现场主题直播，确定当期主题、做好嘉宾连线、设计粉丝互动、现场演示和教学推广。

直播时间：不定期现场直播。

直播方式：试验田或农户生产现场互动直播，现场演示、教学，移动两端同步作业，实时评价，实时答疑解惑。

"科普三农　空中课堂"每周五13：00准时开播，2020—2021年累计在快手、抖音、头条、西瓜视频等平台直播160场，服务三农领域群体900万人次，宣传惠农政策，讲解种植技术，受到广大三农人士的认可和好评，社会反响热烈，粉丝互动良好，品牌美誉度不断攀升。"科普三农　空中课堂"多平台粉丝总量已超过100万，平台日活跃粉丝10万以上。

有关"科普三农　空中课堂"的相关宣传文稿及短视频还在今日头条、搜狐财经、腾讯新闻、网易新闻、一点资讯、新浪看点等新媒体平台进行呈现，实现了多元化传播及推广效果。

"科普三农　空中课堂"实现了"公益直播＋技术推广""短视频、直播＋农资服务"等模式，通过全平台联动、全媒体覆盖、专题化聚合、立体化呈现、多样化输出，营造了良好舆论氛围。助力乡村振兴，实现流量变销量，让"绿水青山"变"金山银山"，"科普三农　空中课堂"不忘初心，砥砺奋进；创新科技，服务三农。

"科普三农　空中课堂"直播流程如下：

(1) 13：00 开场（介绍专家老师、直播的内容、提问题）

大家下午好，咱们"科普三农　空中课堂"开播了！今天我们也邀请到了辽宁省农业科学院玉米研究所的5位专家，可以说是博士天团、史上最强团队，5位博士一起到我们"科普三农　空中课堂"的直播间，这绝对是重磅来袭，这5位专家分别是辽宁省农业科学院玉米研究所所长王延波、副所长叶雨盛、副所长薛仁风、研究员赵海岩、副研究员肖万欣，欢迎各位专家！

接下来进入我们期待已久的专家农民面对面环节！

(2)"专家农民面对面"直播互动环节之一　主讲专家：王延波

下面隆重邀请辽宁省农业科学院玉米研究所王所长到我们直播间！

问题1：王所长，最近很多地区是连雨天，这种连雨天对玉米苗期有啥影响呢？

问题2：据我们所知，辽西阜新、建平包括葫芦岛建昌等地区，有些农户还没种地，就等着这场雨下透再种地，这么晚种地，需要注意点啥呢？

(3)"专家农民面对面"直播互动环节之二　主讲专家：叶雨盛

欢迎叶所长！

问题1：您是主攻育种方向的，很多农民也反馈，说咱们辽宁省农业科学院的品种主要特点就是抗性强，特别是抗旱效果比较好，品种还非常的稳定，这是科研人员在育种上特别考虑的地方吗？

问题2：密植品种一直是未来的发展趋势吗？

(4)"专家农民面对面"直播互动环节之三　主讲专家：薛仁风

欢迎薛所长！薛所长主要研究的是杂粮方向，除大豆外的豆类，包括红小豆、绿豆、黑豆等。

问题1：薛所长，近几年豆类的市场行情怎么样？

问题2：豆类种植的适应区域都有那些地方？

(5)"专家农民面对面"直播互动环节之四　主讲专家：赵海岩

特别欢迎赵海岩老师，赵老师也是我们的老朋友啦！

大家都积攒不少问题问赵老师呢！

问题1：玉米种在坡地上，出苗不齐，什么原因？

问题2：最近连雨天，刚种的玉米会不会粉籽？

问题3：玉米没播种，田里还有水，可以播种吗？

问题4：在出苗期，一场大雨，土壤出现结皮，出苗困难怎么办？

问题5：最近部分地区雨水大，农民反映玉米种子被水泡了，咋办？

问题6：干旱的地区玉米叶子出现发蔫、发黄的现象，怎么补救？

问题7：玉米怎样除草效果好？除草剂几片叶打最好？

(6)"专家农民面对面"直播互动环节之五　主讲专家：肖万欣

欢迎博士天团里的新生代科学家，肖万欣博士！

　　肖博士，您是博士天团里最年轻的一位，作为一名玉米栽培领域的专家，您是不是时时感觉到里面的责任和价值？

　　问题1：玉米播种后一直不出苗，有的才出七成，是啥原因，播早了？还是播深了？怎么补救？

　　问题2：玉米有根没芽，是啥原因造成的，如何预防？

　　"科普三农　空中课堂"每场直播2个小时，一问一答中，时间飞快地流逝，广大农民朋友不愿意让专家下场，直播间里互动活跃，专家和农民唠起嗑来也非常亲近。语音、打字、连线、连麦，能用的沟通方法都用上了，农业科普也在空中课堂中顺利完成。多位专家也感慨，其实从农民朋友那得到的收获也很多，对自己的科研育种、栽培研究都有很大帮助和提示作用，农业科普也是一个教学相长的过程。

农民朋友到"科普三农　空中课堂"直播间串门

二 乡村振兴线上农资展

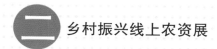

辽宁省互联网协会

促进农业科技成果转化 降低农业生产资料成本

首届辽宁省互联网协会乡村振兴线上农资展

乡村振兴，科普助农 节本增效 农资众筹——

为推进农业数字化转型，优化农业科普服务，促进农业科技成果转化，降低农业生产资料采购成本，辽宁省互联网协会联手沈阳盘古网络技术有限公司（百度百家号沈阳中心）及辽宁省农科院玉米所等农业科研单位共同推出"首届辽宁省互联网协会乡村振兴线上农资展"。本次线上展会活动指导单位有中共辽宁省委信办、辽宁省农业发展服务中心绿色农业技术中心、辽宁省互联网协会、沈阳市农业农村局、沈阳高新区电商办、沈阳高新区发改办、沈阳市浑南区农业农村局等。本次线上展会将于2021年11月30日隆重召开，持续到2021年12月31日。

届时，来自全国农业科研院所及品牌农事企业的优质种子、肥料、饲料、苗木、农用机械、数字农业设备等产品一起亮相乡村振兴线上农资众筹展！

乡村振兴 科普助农——

线上云展期间，主办方将邀请农科专家在线上展馆技术指导，讲解农业热点问题、农产品市场行情，农业生产技术！

节本增效 农资众筹——

各大品牌农资产品进驻线上展会，爆款产品，价格惊人！

主播·专家，农业领域大咖级专家，业内人士齐聚展会。农资、农机加农业技术，线上展会密集推介，多重好礼赠送！

天天有惊喜，多平台展示——

线上云展期间，农技书籍免费发放！农业生产物资免费赠送！

全媒体推广 千万流量保证——

通过百度、新浪、头条、腾讯、搜狐、快手等多平台联动推广，图文、视频，直播组合宣传，千万级流量保证！

组委会联系人：史春娇 张铁松

组委会联系电话：400-709-0756 024-23776627

15566113217

附件：首届辽宁省互联网协会乡村振兴线上农资展参展方式（拟）

— 2 —

辽宁省互联网协会主办乡村振兴线上农资展

1. 乡村振兴线上农资展背景

城乡一体化格局，亟须农业发展模式创新；一二三产业融合发展，呼唤农业数字化转型。2020年辽宁省粮食种植面积5 629万亩，其中大田玉米3 988万亩，水稻785万亩，传统作物玉米和水稻依然是大家主要的种植品种。

目前，辽宁省产业聚集度高，但是诸多产业对乡村发展的依托和促进程度较低，城乡产业融合度不够，城乡要素双向流动缓慢，没有更好的发挥地区产业优势。数字化、物联网、人工智能等在工业领域应用广泛，在农业领域应用还存在短板，以数字化赋能农业产业还有更多的事情可做。

2. 活动的必要性和可行性

近年来，农业电子商务业务方兴未艾。发展农村电子商务可打造一批"懂三农、会电商、爱乡村"的乡村人才队伍，推动数字乡村高质量发展，将打破农村传统经济形态供给侧和需求侧相分离的固有模式，农业生产也将进行服务化转型。

3. 发展线上农资众筹，有效降低农业生产资料成本

信息化和农业电商的发展，提高了农民消费的便利性，改变了农民的消费方式。农资众筹，将有效降低2020年以来因大宗农产品涨价而波及的农业生产资料上涨的压力。据测算，如果每亩降低成本20元，辽宁省大田作物玉米将节约成本6亿元。

想在直播间里开一个展会，想想那线下人山人海的样子，似乎小小的手机屏里容不下这么多厂家、这么多产品呢！

怎么办，梦想能实现吗？科普三农的直播间有啥？权威专家的加持、榜样力量的鼓励，让各种活动吸引一批又一批的铁粉！崇尚科技、致敬专家的氛围也越来越热烈！科普三农直播间里一来一往、一问一答的互动成了标配，你想知道的，我说给你听。科普三农直播也在线上和线下不断切换着，从直播间的细致讲解到现场的演示操作，让那些大家觉得离自己很遥远的信息化、数字化技术走进了农民身边，原来数字农业就在我们身边，触手可及。科技的力量真是很惊人，种地必须得靠科技。

"种草"种了好久，产品不丰富，直播间家人们都会催促多添几款。线上展会就这样一点点有雏形、有眉目了。助力农业农村协调发展，全面推进乡村振兴，辽宁省互联网协会主办了2021乡村振兴线上农资展。

看看精心布置的直播间，金黄的玉米诉说着丰收，智能的盒子计算着希望。首届辽宁省互联网协会乡村振兴线上农资展应对大宗农产品涨价的情况，降低农民的采购成本，给下沉市场群体提供优质的产品，也能更好地服务粉丝、服务大众。

乡村振兴线上农资展直播前认真准备

随时准备上场讲解的产品代表们

真诚科普　用心服务

4. 展览内容及安排

2021 年，乡村振兴线上农资众筹展将借助百度、新浪、头条、腾讯、搜狐等媒体网络平台在农民中的影响力和宣传优势，微信、新浪微博、快手等平台优势，邀请省内外知名涉农企业，重点展示推介优质放心的农资产品，大力宣传东北乃至国内、国际的农业发展成果，开拓农资、农副产品市场，为农民提供真正的优质产品展示、交易的线上平台，大力宣传农业技术新产品、新成果，服务农业、农村及农民。

提高品牌影响力：网罗优秀农资企业，推介优质放心农资产品，提升广大农民对优秀企业、优质产品的认知。

搭建购销平台：采取多平台线上集中展销的方式，最大限度搭建企业和农民之间的购销平台，提供企业和农民线上直播间直接互动的机会，减少中间销售环节，使农民买到质量优、价格实惠的农资。

科技力量、空中展会：将"科普三农 空中课堂"搬到展会现场，邀请农业各领域权威专家到线上展会直播现场，答疑解惑，详细讲解，分析预判，保证产品的优质性，保证农民能清清楚楚、明明白白买到最适合自己的农资产品。展览内容如下。

农资展区：大田种子、蔬菜种子、种苗、肥料、农药、饲料等。

农机展区：农用机械、智能盒子等。

农副产品展区：绿色无污染的蔬菜、水果、食品等；农村日用品及其他三农服务展区等。

展会平台：百度、快手、网上商城、微信小程序。

展览日程安排：

开幕式：2021 年 11 月 30 日9:58

布展时间：2021 年 11 月 20日至 11 月 29 日

展览及直播时间：2021 年 11月 30 日至 12 月 31 日，每天 10:00—16:00

撤展时间：2021 年 12 月 31日 15:00—18:00

收费情况：免费

农民喜欢的线上农资展

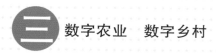

二 数字农业 数字乡村

1. 数字农业产生背景

我国为什么推广数字农业呢？这是由于日益增长的人口与日渐短缺的资源之间的矛盾在全球各个产业中都呈现出持续加重的趋势，尤其是处在人口和资源中间、与两者相关性最高的农业。在数字经济快速发展背景下，数字农业应运而生。

近年来，我国数字农业技术得到快速发展，突破了一批数字农业关键技术，开发一批实用的数字农业技术产品，建立了网络化数字农业技术平台，在农业数字信息标准体系、农业信息采集技术、农业空间信息资源数据库、农作物生长模型、动植物数字化虚拟设计技术、农业问题远程诊断、农业专家系统与决策支持系统、农业远程教育多媒体信息系统、嵌入式手持农业信息技术产品、温室环境智能控制系统、数字化农业宏观监测系统、农业生物信息学等方面的研究应用上，取得了重要的阶段性成果。通过不同类型地区应用示范，初步形成了我国数字农业技术框架和数字农业技术体系、应用体系和运行管理体系，促进了我国农业信息化和农业现代化进程。

2. 数字农业的概念

数字农业指在地学空间和信息技术支撑下的集约化和信息化的农业技术。是指将遥感、地理信息系统、全球定位系统、计算机技术、通信和网络技术、自动化技术等高新技术与地理学、农学、生态学、植物生理学、土壤学等基础学科有机地结合起来，实现在农业生产过程中对农作物、土壤从宏观到微观的实时监测，以实现对农作物生长、发育状况、病虫害、水肥状况以及相应的环境进行定期信息获取，生成动态空间信息系统，对农业生产中的现象、过程进行模拟，达到合理利用农业资源，降低生产成本，改善生态环境，提高农作物产品和质量的目的。

数字农业是将信息作为农业生产要素，用现代信息技术对农业对象、环境和全过程进行可视化表达、数字化设计、信息化管理的现代农业。数字农业使信息技术与农业各个环节实现有效融合，对改造传统农业、转变农业生产方式具有重要意义。

数字农业还包括利用信息技术和数字化手段在农业的生产、流通、运营环

数字农业走进乡村

节的融合和利用，实现合理利用农业资源，降低生产成本，改善生态环境，提高农作物产品和质量，提升农产品的附加值和市场品牌影响力；利用数字化手段拓展农产品的营销能力，降低市场运营成本，提升农产品的溢价能力；利用信息化和数字化方式提升农产品的竞争力。

数字农业也是从传统农业发展过程中，不断利用数字科技发展到一定阶段的产物。

农业1.0，就是传统农业，是人力与畜力为主的传统农业，是农业社会的产物，是以体力劳动为主的小农经济时代，依靠个人体力劳动及畜力劳动，人们根据经验来判断农时，利用简单的工具和畜力来耕种，主要以小规模的一家一户为单元从事生产，生产规模较小，生产技术和经营管理水平较为落后，抗御自然灾害能力差，农业生态系统功效低，商品经济属性较薄弱。

农业2.0，即机械化作业，是以"农场"为标志的大规模农业，是机械化生产为主、适度经营的"种养植大户"时代。农业2.0也被称作机械化农业，以机械化生产为主，运用先进适用的输入性动力农业机械代替人力、畜力生产工具，改善了"面朝黄土背朝天"的农业生产条件，将落后低效的传统生产方式转变为先进高效的大规模生产方式，大幅提高了劳动生产率和农业生产力水平。

农业3.0，即信息化农业，是以现代信息技术的应用和局部生产作业自动化、智能化为主要特征的农业。通过加强农村广播电视网、电信网和计算机网等信息基础设施建设，充分开发和利用信息资源，构建信息服务体系，促进信息交流和知识共享，使现代信息技术和智能农业装备在农业生产、经营、管理、服务等各方面实现普及应用。

农业4.0，是以物联网、大数据、人工智能、机器人等技术为支撑和手段的一种高度集约、高度精准、高度智能、高度协同、高度生态的现代农业形态，是继传统农业、机械化农业、自动化农业之后的更高阶段的农业发展阶段，即智能农业。是利用农业标准化体系的系统方法对农业生产进行统一管理，所有过程均是可控、高效的，真正实现无人化作业；农业服务提供者与农业生产者之间的信息通道通过农业标准化平台实现对等连接，使整个过程中的互动性加强。可以通过网络和信息对农业资源进行软整合，增加资源的技术含量，提升农业生产效率和质量。农业4.0是现代农业的最高阶段。

农业4.0中现代信息技术的应用不仅仅体现在农业生产环节，它会渗透到农业经营、管理及服务等农业产业链的各个环节，是整个农业产业链的智能化，农业生产与经营活动的全过程都将由信息流把控，形成高度融合、产业化和低成本化的新的农业形态，是现代农业的转型升级。土地生产的成果不再是化肥农药超标、普通的农产品，更多的是质量、产量的提高，使其成为更接近自然的无公害产品。因此，农业4.0是现代农业的最高阶段，是无人化智能农业的集中体现。随着技术的进步，可能会出现农业4.0的初级、中级、高级和终级等不同时期。农业4.0是智能化技术在农业全领域、全产业、全链条的应用，体现的是无人化智能应用的"广"。目前，农业4.0从全世界范围看，是"小荷才露尖尖角"，是某个领域、某个环节、某个局部地点开展了科学实验，中国进入农业4.0的时间可能要到若干年之后。

在我国，数字乡村既是乡村振兴的战略方向，也是数字中国的重要内容。2018年的中央1号文件提出要实施数字乡村战略。2019年，中共中央办公厅、国务院办公厅印发《数字乡村战略发展纲要》，标志着我国进入数字乡村建设的新时期。2020年辽宁省出台了《辽宁省数字乡村发展规划》。

数字乡村发展战略紧紧围绕乡村振兴的总要求，加快弥合城乡数字鸿沟，提升农业生产效率，补齐信息服务短板，打造生态宜居美丽乡村，构建现代化乡村治理体系，着力激活乡村内生动力，为乡村振兴战略的实施注入了强大的动力。

数字乡村的概念虽然是由《数字乡村发展战略纲要》正式提出来的，但是我国农业农村信息化是从改革开放之初就开始探索的，未来将进入全面发展的历史时期。

2018 年以来，我国数字经济实现了高速发展，农业数字化转型加速推进，在农业生产信息化、农业技术推广信息服务、农村电子商务、农村电子政务、农村信息服务等方面已经打下较好的基础。具体表现在智慧农业发展与农机装备智能化转型全面推进，农村电商带动农产品朝着标准化、专业化、品牌化方向发展，直播农业、认养农业、定制农业等农村数字经济新业态蓬勃发展。

农业数字化、工业化带来的结果是粮食、蔬菜、水果等农产品由当地种植、当地销售转变为大市场、大流通的格局。与工业价值链相类似，农业产品也根据各地资源特质进行了分工和集中生产。现代化的农业体系提高了生产效率，变成一个庞大的系统。这个系统工程的发展包括基础设施的升级、科研带动科普、农业生产效率提高，也包括农业生产格局的变化。

以蛋鸡养殖为例，规模化、集约化水平高的国家，几十家存栏 100 万只以上的蛋鸡企业，生产了全国 87％的鸡蛋。我国的养殖业是"小规模、大群体"，几乎 80％的蛋鸡产量是由存栏 5 万只以下的散户完成的。随着农业数字化步伐的加快，鸡蛋工厂、生猪工厂、蔬菜工厂将会越来越多，农业将由科技来主导，农民也必然会与科技专家、"高知"等称谓画上等号。

中共辽宁省委、省政府提出"大力推进'数字辽宁、智造强省'建设，做好结构调整三篇大文章"的战略布局，不断夯实基础，优化发展环境，加快数字经济发展。可以说，数字农业与我们广大三农领域人士息息相关，拥抱数字农业从你我开始、从现在开始。

3. 农业现代化　种地智能化

农业机械化是农业现代化发展的基础，将数字化设计技术引入到农业机械行业是改变传统农业机械的生产方式。用新技术改变传统农业机械的生产方式，数字农业是机械化农业的又一进步，能实现从人决策到数据决策的转变。

物联网（Internet of Things，简称 IoT）是指通过各种信息传感器、射频识别技术、全球定位系统、红外感应器、激光扫描器等各种装置与技术，实时采集任何需要监控、连接、互动的物体或过程，采集其声、光、热、电、力学、化学、生物、位置等各种需要的信息，通过各类可能的网络接入，实现物与物、物与人的连接，实现对物品和过程的智能化感知、识别和管理。物联网是一个基于互联网、传统电信网等的信息承载体，它让所有能够被独立寻址的普通物理对象形成互联互通的网络。大量农业数据能够通过物联网实时获取，农业数字化基础农业物联网是物联网重要的应用领域，是数字农业数据的主要来源。

4. 从农业生产到万物互联

21 世纪是个科技高速发展的时代，人力灌溉、牲畜养殖正在逐步被智能化技术取代，在 5G、物联网高速发展的环境下，万物互联必定成为一个大趋势。

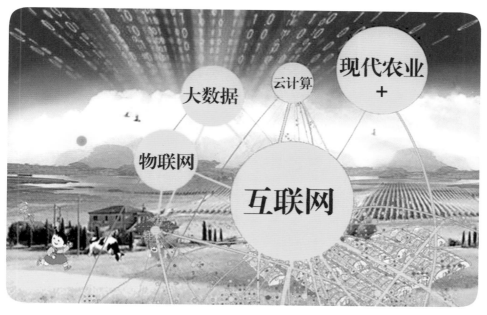

农业将走向万物互联

5. 智慧农业工作原理

智慧农业通过气象百叶盒、土壤 pH/电导率传感器、风速风向传感器等终端传感器，采集温室内的空气温湿度、土壤水分、土壤温度、二氧化碳、光照等实时环境数据，通过环境监控主机传输到环境监测云平台。

智慧农业在新冠病毒感染疫情期间大放异彩，疫情期间农业人不能经常去农田查看信息，智慧农业的普及极大地帮助了现代农业人解决田间地头问题，通过观察传感器终端上传至云平台的农业要素，足不出户便能够管理农田。

6. 新时代的智慧农业

在土地流转不断加速的趋势下，针对集中连片耕地的集约化生产难题，越来越多的电子信息服务在不断改进传统农业系统，智慧农业应运而生成为了一个兼具精细化管理和高效化作业的创新方案。可以说，我国农业正处于从传统农业向现代农业转型的关键时期。转型速度和转型成功与否，与能否实现农业可持续发展息息相关。

第十章 不忘初心
做农民最贴心的人

 百名专家讲百项农业技术

农业科普永远在路上，"百名专家讲百项农业技术"系列展播，开启了农业科普的"马拉松"模式。这个系列展播得到百度沈阳中心的推流支持，还有不计报酬服务的三农专家与采编群体在一起坚持着。

展播内容：邀请种植、养殖领域权威专家，讲解各领域农业科技推广技术及科技成果转化内容，服务三农、助力乡村振兴，引领行业发展。以视频和新媒体方式进行现场演示和教学推广。

展播时间：2021年7月起，全媒体平台发布。

展播方式：由百度首发，在头条、抖音、快手、搜狐、新浪等平台分发。

宣传推广：采取公益宣传方式，公益宣传的媒体包括部分传统媒体和新媒体等。百度、头条、快手、抖音、新浪、搜狐等新媒体图文、图集、短视频宣传推广。

制作内容：有关"百名专家讲百项农业技术"系列文稿、具体技术文稿、种植典型、成本核算、增产故事等。可采取图文、图集、短视频等多种形式，实现持续宣传的效果。

推介时间：2021年7月起。

农业科普永远在路上

案例一

百名专家讲百项农业技术——玉米篇

主讲人：辽宁省农业科学院玉米研究所首席专家王延波

1. 密植玉米比稀植增产吗？

玉米是靠群体增产的作物，过去我们推行的是高秆、大穗、晚熟、稀植品种。当时是因为我们这个生产条件所决定的，靠的是人工播种、人工收获，所以稀植产量很高，但实际产量并没很高。随着生产方式转变，机械化要求单穗的单株产量不一定很高，但是群体产量要高，怎么办呢？就是要种植早熟、耐密及适合机收的玉米品种，这样的话呢通过群体来增产。

2. 玉米出苗不好的原因是什么？

今年呢，总体出苗水平应该还是可以的，因为雨水比较多。但是雨水多的同时气温比较低，所以生产条件确实表现出来这个出苗不好的情况发生，一种是早播的可能就是一出来"粉籽"了；还有一种是除草剂药害，甚至还有虫害等相关的问题，出现部分出苗不好的情况。据我所了解，今年我们整个生产田地，出苗整体状态还是可以的，只是个别地块早播中的药害或者肥害的，有出苗不好的情况。

3. 玉米田出现红苗和紫苗的原因及解决办法？

主要就是这个低温倒春寒造成的，如果不是虫害咬的，就是今年的温度特别低、雨水大。所以部分田块确实出现了红苗和紫苗情况的发生，出现这种情况，随着这个温度的提升，加强苗期的田间管理，要能铲铲趟趟，就能有一定的缓解作用，所以不用太过度担心，如果就是低温导致的不会有大的问题。

4. 玉米出现死苗的原因及解决办法？

一方面是由于立枯病是一种病害，经常有这种情况的发生；另一种呢就是这个除草剂药害，也容易导致死苗；还有就是肥害，种肥离太近，尤其是施口肥的情况下，就出现被肥烧、根坏了或死苗情况啊，基本上就是这么几个方面的原因。

5. 玉米为什么出现秃尖和缺粒的现象？

一是从遗传上，品种是不是本身就是有这方面的缺陷；第二就是在穗分化期，就是在拔节后不良的气候条件，能导致穗分化不健康；还有一种就是在这后期授粉的时候，雨水多或者密度大，也容易出现秃尖和缺粒情况。

6. 玉米苗期缺元素，表现症状如何？

如果缺氮，表现为苗黄化；缺磷就导致那种紫苗情况的发生；缺钾就是有烧边、边缘是黄的情况；缺锌呢就白化苗。所以呢，不同的元素缺乏，苗出现的状态是不一样的。

7. 喷施叶面肥的好处是什么？

幼苗长得不健壮，苗期喷施叶片，让苗长得更好一些；在抽雄前后喷施叶面肥，可防止后期的早衰，所以最终的目的是为了增产，保证后期不早衰。

8. 玉米一生需水特点是什么？有哪几个关键期？

因为我们知道玉米一生中需水是比较多的，大体上应该分 4 个关键时期：一个就是播种时候水分的需求，如果没有足够的土壤墒情，土壤的相对含水量达不到 $65\% \sim 75\%$，播种很难出全苗，所以最关键时期就播种的时候水分要充分；第二就是拔节期，这也是需水的一个关键期，有利于进行雄穗的分化，而且这段时期植株的生长比较旺盛，所以是需水关键期；

第三就是开花期抽雄吐丝，这也是需水的关键时期，如果说干旱、肥料不足，会有花粉散施不好的情况；最后一次就是灌浆期时，缺水对整个产量直接产生重大影响。所以整个来看，玉米的一生需水是非常多的，主要关键的时期，大体上就这 4 个。

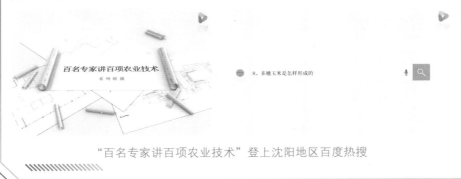

"百名专家讲百项农业技术"登上沈阳地区百度热搜

各领域农业专家次第登场，倾情讲解农业生产技术。勇气和情怀可抵艰辛岁月，在百度上搜索"黑土地数字乡村"，看着"百名专家讲百项农业技术"的卷轴徐徐展开，一个个农业问题敲击上线，专家耐心细致、娓娓道来地讲解，这一幕幕定格在媒体人的心中，这一项项农业科普技术也滋润着广大农民的心田。

信息化人才下乡　传播永无止境

为了更好落实《关于加快推进乡村人才振兴的意见》《数字乡村发展战略纲要》，推动专业人才服务乡村，大力培养本行业人才，推进农村数字化转型，打造科技农业、智慧农业、品牌农业，优化农业科技信息服务，中共沈阳市委网信办指导开展信息化人才下乡活动，加强农民信息素养培训，普及农业网络科技知识，完善农业科技信息服务平台，在线讲解农业生产技术难题。

2021 年，沈阳市信息化人才下乡活动的最大亮点是资源共享、信息互通。推出信息化人才下乡活动、"科普三农　空中课堂"等线上线下科普助农活动，建立了数字乡村专家联盟体系，成立了"黑土地玉米科普学会服务站"，建立了"黑土地科普三农科技推广服务团"，积累了一定的活动经验。2022 年，中共沈阳市委网信办对原有信息化人才下乡活动进行拓展，推出更具地域性、更有针对性的相关活动。

信息化人才下乡活动提升农民数字素养与技能

1. 沈阳市三农发展现状

城乡一体化格局，亟须农业发展模式创新；一二三产业融合发展，呼唤农业数字化转型。2021 年，沈阳市耕地面积 1 024.96 万亩，其中粮食种植面积约 829 万亩。大田玉米种植面积 605.48 万亩，占粮食作物种植面积的 73%；水稻种植面积 186.1 万亩，占粮食作物种植面积的 22.5%；大豆种植面积 13.8 万亩。传统作物玉米和水稻依然是大家主要的种植品种。

2021 年，沈阳市设施农业种植面积 61.8 万亩，其中高标准设施农业种植面积 23.1 万亩（温室 10.6 万亩、冷棚 12.5 万亩），主要集中在新民、苏家屯、铁西等地，是省内最大的蔬菜和西瓜种植基地。

2021 年，全国生猪出栏量约 6.7 亿头，生猪存栏量约 4.49 亿头，与上一年相比增加 10% 左右。沈阳市生猪存栏量 200 万头以上，牛存栏量 81.55 万头。

沈阳市产业聚集度高，但是诸多产业对乡村发展的依托和促进程度较低，城乡产业融合度不够，城乡要素双向流动缓慢，没有更好的发挥地区产业优势。数字化、物联网、人工智能等在工业领域应用广泛，在农业领域应用还存在短板，以数字化、信息化赋能农业产业还有更多的事情可做。

2. 信息化人才下乡启动仪式

授课专家：邀请辽宁省农业科学科院玉米研究所王延波、赵海岩等玉米专家，辽宁省邮电设计院李丹等智慧农业技术开发人员等。

活动方式：选取信息化、数字化场景作为 2022 沈阳市信息化人才下乡活动启动仪式的现场。实现专家与农户在春耕播种的现场互动交流，再加上直播间的线上农户群体，开启一个具有播种希望意义的时空交错的大型线上线下一体化活动。核心是数字化农业实用技术科普推广与展示，注重科技成果转化，现场组织专家、业内人士参与互动及讲解现场演示、教学，实时答疑解惑，现场与移动端同步直播。

3. 线上农业技术实际操作互动课堂

授课专家：辽宁省邮电设计院李丹等工程技术专家，辽宁省农机流通协会会长王亿林，辽宁省农业科学院玉米研究所专家王延波、赵海岩、叶雨盛、肖万欣、王大为等，沈阳农业大学水稻专家王伯伦教授、沈阳农业大学特种玉米专家史振声教授、沈阳农业大学科技学院赛树奇教授，阳光猪舍养殖模式专利发明人郭廷俊、邱丰然，反刍动物营养专家韩宇民、闫立冬等。

活动方式：按照时令和季节需求，定期推出三农领域生产及管理主题实际操作与互动问答直播，确定当期主题、做好嘉宾连线、设计粉丝互动、检验直播效果。场景式直播或体验式讲解，采用直播间实际演练及与

信息化人才下乡活动提升农民数字素养与技能

现场连线或连麦，注重视觉效果，确保农民看得懂、学得会、用得上。搭建从直播间到农户手机端的空中桥梁。一头是直播间或演播室的权威专家或嘉宾，一头由广大农民登陆线上直播间，采取主播访谈和现场互动问答等方式开展相关主题直播，营造热烈有序的直播氛围，打造良好的直播效果和直播影响力。

4. 新型职业农民直播培训

授课专家：新兴职业农民代表、沈阳市浑南区深井子镇果树专业合作社理事长刘涛等，辽宁省互联网协会数字乡村工作委员会主任马成军，辽宁省农机流通协会会长王亿林。

活动方式：结合当年农业发展状况，实例讲述数字化经济时代新兴职业农村的成长之路，突出信息化、物联网在农业上的应用，突出与农民相关的专业内容及拓展内容。通过连线、连麦等方式培训新型职业农民。

信息化人才下乡活动中推介无人驾驶机械

5. 融媒体推广

推广内容：信息化下乡活动全程推广，包括线上农业技术课堂、线上新型农民培训与第一书记话振兴活动、线下活动推广等。

推广渠道：快手、西瓜视频等视频平台，微信公众号、今日头条、百度、搜狐、新浪、腾讯等新媒体平台。

信息化人才下乡活动深受农民认可

农村一二三产业融合发展 助力乡村振兴

未来新型农民会是什么样子呢？一定是具有农业科学文化素质、具备一定经营管理能力的人群。当智能化、机械化及网络发达的新型农村模式向我们走来的时候，相信农民不再属于落后群体，他们会是和医生、律师、教师等职业平等并列的存在，农民也会发展成一种职业，一种让人自豪的职业。

农村一二三产业融合发展一定是未来农村的常态图景，在农业技术、栽培模式的农业科普上，科研人员已经率先垂范，尝试产业融合的农业科普方式。

以国家重点研发计划课题"东北中早熟区抗逆耐密适宜机械化玉米新品种培育"（项目编号：2017YFD0101103）、辽宁省科技重大专项"宜机收玉米新品种选育及配套栽培技术研究"（项目编号：2019JH1/10200001）等项目的推广如下。

项目以宜机收玉米品种为核心，研发了玉米保护性耕作、籽粒机械直收、平作宽窄行、浅埋滴灌等配套栽培技术，针对辽宁省不同生态区域特点，构建了 4 套技术模式，实现良种良法配套，为玉米机收规模化均衡增产提供了技术支撑。采用"科研院所＋种业企业＋新型农业经营主体"的联动机制，通过品种技术转让、技术联合研发、高产创建示范、科普宣传培训、主流媒体与新媒体传播等方式，构建了"扁平化"的成果转化新模式，进行大面积示范推广，破解农业科技推广过程中"最后一公里"瓶颈问题。项目的实施对于满足玉米产业发展的科技需求，促进农业大面积均衡增产、农民增收起到了重要作用，取得了显著的经济效益、社会效益、生态效益。

以农业科普促进农村一二三产业融合

1. 核心技术

筛选宜机收玉米品种，项目组针对玉米生产对于宜机收玉米品种的技术需求，结合国家重点研发计划等项目的实施，积极引进新品种进行试验示范，探索新品种的丰产性、适应性、抗性等，选择适宜辽宁种植的宜机收玉米新品种。辽单 575 是辽宁省农业科学院以高配合力玉米自交系辽3258 为亲本配制的优良玉米品种，于 2018 年通过国家审定（国审玉20180086），2019 年通过河南省审定（豫审玉 20190016），相继在山东、河北和山西夏播区引种备案，为国家重点研发计划"玉米杂种优势利用与强优势杂交种创制"项目的标志性成果。该品种高产、稳产、适宜机收，创造了东北地区单产最高和辽宁省大面积超吨产的双项纪录，为辽北地区张庄玉米专业合作社（全国十佳农民创办）、阳宇玉米专业合作社等大型农业经营主体首选籽粒机收品种。

辽单585是由辽宁省农业科学院选育的密植型宜机收玉米品种，于2018年通过国家审定（国审玉20180246）。该品种适宜栽培密度为4 500株/亩，收获时籽粒含水量低于24.4%，对5种主要玉米病害抗性均达中抗以上水平，籽粒容重达772克/升，远超国家一级米标准。

辽单586是由辽宁省农业科学院选育的密植型宜机收玉米品种，于2018年通过辽宁省审定（辽审玉20180053），相继在吉林、河北、山西和内蒙古等地引种备案。该品种根系发达，茎秆坚韧，高抗倒伏，适宜栽培密度为4 500～5 000株/亩。

2. 研制配套栽培技术

玉米保护性耕作机械化栽培技术：该技术以保护性耕作为主要手段，提出免耕播种、杂草及病虫害防治、施肥、深松、收获等方面的机械化栽培措施，实现玉米生产中生态效益、经济效益的协调发展。

玉米籽粒机械直收生产技术：该技术简化籽粒收获作业工序，明确直收品种选择、机械选择、"三率"（田间损失率、破碎率、杂质率）控制等关键技术参数与措施，实现玉米全程不落地收获，有效提升生产效率，并减少粮食损失。项目组制定《玉米籽粒机械直收生产技术规程》于2019年被确立为辽宁省地方标准发布实施，填补辽宁省玉米籽粒机械直收生产技术空白。

玉米平作宽窄行全程机械化栽培技术：该技术针对东北地区玉米种植长期垄作，田间玉米的大小苗和大小穗现象严重，不适应现代机械化发展的现实，研发栽培技术。平作宽窄行全程机械化栽培模式，运用机械化深松整地技术，提高玉米耕层的质量，实现蓄水保墒。运用适合机械化精量和半精量播种的简化平作宽窄行播种技术和肥料侧深施用技术，形成机械化生产的宽窄行高光效栽培模式，改善玉米生长发育的环境，提高边行效应，达到提高产量和抗逆的效果。

玉米浅埋滴灌水肥一体化技术：该技术是以浅埋滴灌技术为核心，将玉米平作宽窄行技术与滴灌系统水肥一体化技术相结合的节水、节肥、减药、减膜绿色增产增效种植技术。其核心浅埋滴灌技术是指在不覆膜的前提下，将滴灌带埋设于小垄中间深度3～5厘米处，利用输水管道实现水肥一体化的种植技术。

宜机收玉米品种配套技术集成：项目组针对辽宁省不同地区生态特点，开展良种良法集成研究。创制适合辽宁半干旱区、半湿润区和湿润区不同生态条件的宜机收玉米品种配套技术集成模式。

宜机收玉米品种配套技术效果喜人

3. 创新组织管理措施

项目采用"科研院所＋种业企业＋新型农业经营主体"的联动机制，通过品种技术转让、技术联合研发、高产创建示范、科普宣传培训、主流媒体与新媒体传播等方式，构建了"扁平化"的成果转化新模式，进行大面积示范推广，取得显著经济效益、社会效益、生态效益。

（1）"科研院所＋种业企业＋新型农业经营主体"的联动机制

项目组积极推进科研院所与种业企业、新型农业经营主体的深度合作，大力推动玉米产业提档升级，构建"科研院所＋种业企业＋新型农业经营主体"的联动机制，形成从种源到品种、从研发到集成、从成果到应用的玉米生产全链条科技推广模式，不断以科技创新为玉米产业赋能。

项目组以品种和技术为纽带，充分融合科研单位的技术、科研优势与种业企业的资金、营销网络优势，为农户提供优质玉米品种和技术服务。通过玉米种质资源共享，辽宁省农业科学院应用丹东登海良玉种业有限公司选育的玉米自交系 S121，选育出宜机收玉米品种辽单 588。辽宁省农业科学院为丹东登海良玉种业有限公司、辽宁宏硕种业科技有限公司提供品种配套栽培技术，并合作推广良玉 99、宏硕 899 等宜机收品种。项目组与辽宁东亚种业有限公司合作实施玉米品种辽单 588 的转化；与辽宁东方农业科技有限公司、辽宁黑土地农资有限公司合作实施玉米品种辽单 575、辽单 585 的转化；与辽宁鑫中农种业有限公司合作实施玉米品种辽单 577 的转化；与山西潞玉种业有限公司合作实施玉米品种辽单 586 的转化。科研单位与种业企业的深度合作，既有利于做大做强民族种业，又形成了社会效益、经济效益双丰收的良好局面。

联合新型农业经营主体实施农业科普推广

在实施过程中，项目组积极引导专业大户、家庭农场、农民合作社等新型农业经营主体参与农业科技推广，探索建立了以新型农业经营主体为载体和介质的新型农业科技成果转化科普推广路径。通过"农业高新技术实用人才培养工程""与专家结对子"、农村科技服务团等多种途径，以室内讲授、多媒体播放、实地操作和外出参观考察等形式，面向新型农业经营主体开展各项农村实用技术培训工作，培养新型职业农民。

实践证明：联合新型农业经营主体实施农业科普推广，是适合我国实际情况并且具有可操作性的现代化农业发展新路子。新型农业经营主体对新品种、新技术和先进的管理模式的接受能力较强，他们借助项目推广的机械生产模式形成了显而易见的规模效益，由此带动广大农户生产方式的转变。据统计，项目推广区域内玉米综合机械化作业率年增长 2.06%，玉米收获时籽粒含水量降至 30% 以下，由此步入玉米生产全程机械化作业时代。

（2）构建"扁平化"科普推广渠道，实现对种植户的直接服务

"扁平化"推广渠道可以实现对种植户的直接服务，这既是种子企业的需要，也是破解农业技术推广"最后一公里"瓶颈的有效举措。"扁"是：减少推广过程的中间环节，合作企业在原有区域代理制度的基础上，在适宜地区构建面向农业合作组织、种植大户和农户的直销平台。这种农业科技服务模式使宜机收玉米品种及配套栽培技术成为广大农户看得见、摸得着、学得会、带得走、用得上的好方法，示范推广效果良好。"扁平化"推广渠道促成了项目组对种植户的直接服务，更使科技在最大程度上服务于三农。三年来，项目组陆续遴选聘请 1 356 名乡级技术指导员和村级示范户，核心示范区配套技术覆盖率达到 100%。

4. 集约新成果实施高产创建，促进和带动大田生产

采用全程机械化种植及滴灌水肥一体化技术模式，在 5 151 株/亩的高密度条件下种植玉米品种辽单 575，实现 125.6 亩超高产田平均产量达到 1 347.30 千克/亩，创造了我国东北地区春玉米产量历史最高纪录；2021 年，项目组在建平县黑水镇开展辽单 575 示范，实现了 1 310 亩单产 1 097.05 千克的辽宁省大面积超吨产纪录。

5. 组织高产竞赛，带动均衡增产

为了充分调动推广人员及广大农户发展粮食生产的积极性，组织合作企业开展了系列高产竞赛活动，以此带动大面积均衡增产。项目组设立乡村组织奖、高产农户奖、种植大户奖、科技应用奖，分别对推广人员、农户给予一定的奖励。

开展高产竞赛活动有利于提高农民整体素质。高产竞赛活动能让农民更好的体现自身价值，提高自身素质，学习科学技术，寻求自身发展。更使项目的核心品种、主推技术得到全面的推广应用，由此带动大面积的均衡增产。2019—2020年，辽宁省宜机收玉米品种配套技术应用面积达4 250.5万亩，新增粮食产量达27.8亿千克。

6. 利用媒体进行科普传播，加快受众的认知进程

与主流媒体深度融合，实施科技传播工程。项目实施期间，《辽宁日报》以"1 347.3千克！东北玉米亩产新纪录""善用'黑科技'高产创纪录"为题；辽宁卫视《辽宁新闻》以"有科技 有装备 合作社里丰收忙""'南繁北育'助力我省种业科研攻关"为题，对项目实施重要进展予以报道。报道深度捕捉项目热点，以接地气的方式讲述科技创新与技术推广故事，显著提升了项目成果的社会知名度。

2020年春季，正值抗击新冠肺炎疫情的关键时期，同时也是备耕春耕生产的重要时期。为切实做到战"疫"生产两不误，打好备耕生产关键一战，发挥宜机收玉米品种配套技术在粮食丰收中的重要作用，项目组与辽宁黑土地农资有限公司联合成立"科普三农"科技直播平台，由此开始了项目组通过快手、抖音、微信等自媒体推广农业生产技术之路。平台结合农时于春播、夏管、秋收、冬储等时期开展集中直播，就农民关心的玉米品种选择、除草剂病害处理、玉米叶面肥施用、玉米机械收获、玉米储藏方式等阶段性热点问题开展直播授课。每周五下午，项目组选派1～2名专家开展定期直播，针对广大农民最关心的病害防治、施肥等各类农业问题给予解答，更是用接地气的表达方式仔细讲解专业的农业技术。实施期间，为宜机收玉米品种配套技术应用提供了有效的技术指导，为最大限度地减少疫情给玉米生产和农民增收带来的影响提供了技术保障。

项目的实施有效地促进了我国玉米生产模式的变革，推广区域内玉米

种植密度增加 10%～20%，倒伏率降低 10%～30%，成熟期提前 3～7
天。部分地区玉米收获时籽粒含水量降至 30% 以下，项目推广区域内玉
米综合机械化作业率年增长 2.06%。项目推广的相关技术促使每亩增产
玉米 65.3 千克，增产 10.0%，单位规模新增纯收益达 127.6 元/亩。
2019—2020 年，项目"辽单 575 等宜机收玉米品种配套技术集成与推广"
累计应用推广面积为 4 250.5 万亩，总经济效益达 34.2 亿元。

农业科研人员匠心坚守、服务三农

农业科普助力农民增收

7. 项目创新点

在品种先进性与技术集成方面有重要创新：针对辽西半干旱区、辽中北半湿润区和辽东南湿润区的生态特点，将耐旱型、丰产型和抗逆型宜机收玉米品种与玉米保护性耕作、籽粒机械直收、平作宽窄行、浅埋滴灌等配套栽培技术结合，构建了 4 套技术模式，实现良种良法配套，为玉米机收规模化均衡增产提供了技术支撑。

在科普推广模式方面有重要创新：项目采用"科研院所＋种业企业＋新型农业经营主体"的联动机制，通过品种技术转让、技术联合研发、高产创建示范、科普宣传培训、主流媒体与新媒体传播等方式，构建了"扁平化"的成果转化新模式，进行大面积示范推广，取得了显著经济效益、社会效益、生态效益。

项目取得的经济效益、社会效益、生态效益情况

项　　目	效　　益
计划推广总规模	3 000 万亩
新增纯收益	542 363.8 万元
累计示范区数目	325 个
新增总投入	125.3 万元
实际推广总规模	4 250.5 万亩
累计示范区规模	32 万亩
总经济效益	341 563.9 万元

项目建立和完善了一支玉米产业科研与科技推广团队，完善了技术示范推广网络，稳定了农业科技推广队伍，形成了农业科技推广服务的长效机制。项目核心区技术覆盖率达 100%，适宜区技术覆盖率达 91%。项目的实施为辽宁省及相关省份的玉米生产提供了可靠的技术支撑，达到了稳定农业生产、均衡增产的目标，实现了农民增产增收的初衷，社会效益显著。

项目科普推广的宜机收玉米品种抗病、抗逆性强，应用其配套高效栽培技术可以大大减少防治田间病、虫、草害的发生，降低农药及化肥的使用量，减少对土壤及大气污染，进而保护生态环境，促进农业的可持续发展，生态效益明显。

宜机收玉米品种及其配套栽培技术的推广应用在很大程度上改变了示范推广地区的种植方式，密植品种覆盖率大幅提升，提高了相关产区的玉米生产水平。创造了显著的经济效益、社会效益和生态效益。

一路深耕，一路传播。所有科普服务人员努力探索和实践的目标都是助力乡村振兴，推进农业农村现代化。大家愿意看到农业质量效益和竞争力稳步提高，脱贫攻坚成果巩固拓展，农村基础设施建设有新进展，农村生态环境明显改善，乡村治理能力进一步增强，农村居民收入稳步增长，粮食综合生产能力稳步提升，重要农产品供给有保障。

在中国，乡村的影响尤为深厚。社会学家费孝通曾说过"中国人的基层生活是乡土性的"，几千年农耕经济凝结出乡土情结，乡村的生活经验也成为中国社会传统的构成依据。虽然工业化的城市文明曾经带来乡村的节节败退，但是随着国家乡村振兴政策实施落地，今天的乡村已经逐步走上了数字化发展的快车道。

在数字化时代，社交媒体和传统媒体等媒介已经不是工具，而是我们的生存世界。数字技术发展的车轮滚滚向前，时代洪流不可阻挡，广大农民将会在数字化农业科普时代得到很好的安顿和提升。作为乡村振兴的参与者和见证者，相信未来的乡村将会是承载着自然、传统和独特魅力的生活空间，未来的农民将会成为一专多能的复合型人才群体，未来的农业将会更具现代化，充满科技、科普的力量。

"心有丘壑，眼存山河"，愿明天更美好！

主 要 参 考 文 献

任远，1987. 屏幕前的探索［M］. 北京：北京广播学院出版社.

吕正标，高福安，闫维毅，2011. 电视栏目运作与管理［M］. 北京：中国传媒大学出版社.

方文卉，2004. 对农电视面临新形势［J］. 中国广播电视学刊（10）：46 - 47.

陈立新，2011. 我国传媒产业资本运营存在问题及对策［J］. 记者摇篮（4）：70 - 71.

刘江贤，2007. 农业电视节目策划 36 计［M］. 北京：中国传媒大学出版社.

张辉锋，2006. 传媒经济学［M］. 广州：南方日报出版社.

王延波，2020. 玉米高产技术问答［M］. 北京：中国农业出版社.

吴晓波，2016. 腾讯传［M］. 杭州：浙江大学出版社.

刘建，2017. 农业综合开发科技推广创新与时间［M］. 北京：科学技术文献出版社.

王东江，2006. 做好农村电视节目主持人［J］. 记者摇篮（6）：69.

张立慧，2011. 早间电视新闻节目做给谁看［J］. 记者摇篮（6）：101 - 102.

陶景阳，2011. 对农电视节目的画面表现［J］. 记者摇篮（7）：107.

刘继岩，2011. 农业电视栏目与受众的"瓜秧情结"［J］. 记者摇篮（7）：104.

杨璐，2022. 互联网消灭的 40 件事［J］. 三联生活周刊（1）：17.

程娜，2012. 主流媒体的责任与担当［J］. 记者摇篮（7）：3 - 4.

李平云，1991. 电视制作［M］. 北京：中国电影出版社.

朱春阳，2011. 检视我国传媒集团的"全媒体战略"［J］. 记者摇篮（6）：4 - 5.

冯璐，2012. 服务让对农广播更具价值［J］. 辽宁广播电视学刊（1）：19 - 20.

黄辉，2007. 对农电视节目分析［J］. 中国广播电视学刊（1）：41 - 42.

许丹，2012. 电视民生新闻的优势、问题及发展［J］. 记者摇篮（1）：41 - 42.

司伟，王建茹，2007. 对农电视公益节目的几点思考［J］. 中国广播电视学刊（1）：46.

张树新，2007.《黑土地》主持人角色化定位［J］. 中国广播电视学刊（1）：47.

刘继岩，2011. 从服务三农 到干预三农［J］. 辽宁广播电视学刊（1）：49.

刘继岩，2009. 策划出的新闻价值［J］. 记者摇篮（2）：28 - 29.

王文，2012. 品牌栏目的定位与提升［J］. 记者摇篮（2）：37 - 38.

余洋，2012. 新媒体环境下电视节目制作运营策略［J］. 记者摇篮（2）：49 - 50.

陆钢，2010. 站在被媒体竞争前沿［J］. 记者摇篮（3）：33 - 34.

可振杰，2011. 经济报道的未来意识和历史意识［J］. 记者摇篮（3）：53.

吴尚真，2012. 捕捉农村新闻关注点的途径［J］. 记者摇篮（4）：34 - 35.

王丹，2011. 从《走进新农村》谈农业栏目的创新［J］. 记者摇篮（4）：52－53.

张玉，2011. 试论品牌经营与制播分离对于媒体的意义［J］. 辽宁广播电视学刊（5）：19.

刘继岩，2006. 成长在深厚的沃土上［J］. 记者摇篮（6）：24.

叶楠楠，2012. 对农节目的问题与解决［J］. 记者摇篮（7）：30.

齐旭，2012. "三农"节目的自我包装［J］. 记者摇篮（7）：31.

陈涛，王秀云，2011. 运用策划提升媒体影响力［J］. 记者摇篮（5）：50－51.

寇昭，2012. 传统媒体如何直面网络电视的挑战［J］. 记者摇篮（8）：37－38.

史建国，2012. 新农村报道的服务于引导［J］. 记者摇篮（8）：42－43.

宋晓云，2012. 广电媒体的创新与拓展空间［J］. 记者摇篮（9）：54－55.

宋晓云，2012. 文化：电视的品牌核心［J］. 记者摇篮（10）：33.

吴杰，2005. 电视对农节目现状和发展对策［J］. 中国广播电视学刊（10）：36.

张树新，2004. 节目内容与节目形态的多元化［J］. 中国广播电视学刊（10）：49.

闫旬红，2004. 做节目要想着市场［J］. 中国广播电视学刊（10）：50－51.

黄辉，2005. 风雨兼程十年路［J］. 中国广播电视学刊（12）：34.

徐寒，2011. 农民群体在民生新闻中的位置缺失［J］. 记者摇篮（12）：36.

张师聘，2011. 城市电视台新闻栏目品牌化的路径选择［J］. 记者摇篮（12）：37.

张树新，2005. 应变与生存之道［J］. 中国广播电视学刊（12）：40.

隋新，2010. 电视节目分众化传播策略［J］. 记者摇篮（12）：52.

张树新，于姚，2007. 热炕头上唠新闻［J］. 记者摇篮（3）：7－8.

张学本，2012. 打造营销新理念　实现传媒新转型［J］. 记者摇篮（2）：9－10.

AIan B. Albarran，2009. 传媒经济学［M］. 北京：中国传媒大学出版社.